危险化学品从业人员安全培训系列教材

危险化学品典型事故案例分析

方文林　主编

中国石化出版社

内 容 提 要

本书汇集了近百例典型危险化学品事故案例，涵盖了危险化学品生产安全事故、经营安全事故、储运安全事故、使用安全事故、设备安全事故及其他安全事故，介绍了事故发生的经过及危害，分析了事故产生的直接原因和间接原因，总结了事故的教训和应当采取的防范措施，以期能够为危险化学品企业和安全生产监管部门做好安全生产管理工作提供参考，从而有效避免事故的发生，减少事故造成的损失。同时本书还附有多起国外危险化学品安全事故，以拓展读者视野，并从中吸取教训。

本书可供从事化学工业的工程技术人员、环保和安全管理人员、危险化学品生产经营单位的管理人员、技术人员及政府安全监管部门工作人员等培训和参考使用，也可作为高等院校化工类专业和安全工程专业的教学参考用书。

图书在版编目（CIP）数据

危险化学品典型事故案例分析／方文林主编.
—北京：中国石化出版社，2018.7
危险化学品从业人员安全培训系列教材
ISBN 978-7-5114-4923-8

Ⅰ. ①危… Ⅱ. ①方… Ⅲ. ①化工产品-危险物品管理-事故分析-安全培训-教材 Ⅳ. ①TQ086.5

中国版本图书馆 CIP 数据核字（2018）第 156605 号

中国石化出版社出版发行
地址：北京市朝阳区吉市口路 9 号
邮编：100020　电话：(010)59964500
发行部电话：(010)59964526
http://www.sinopec-press.com
E-mail：press@sinopec.com
北京富泰印刷有限责任公司印刷
全国各地新华书店经销

＊

787×1092 毫米 16 开本 9.5 印张 230 千字
2018 年 8 月第 1 版　2018 年 8 月第 1 次印刷
定价：45.00 元

《危险化学品典型事故案例分析》

编　委　会

主　　编　　方文林

编写人员　　田刚毅　　鲜爱国　　程　军

　　　　　　马洪金　　张鲁涛　　陈凤棉

审稿专家　　李东洲　　李福阳

前　言

　　2017 年全国共发生各类生产安全事故 5.3 万起、死亡 3.8 万人，同比下降 16.2%和 12.1%。较大事故、重特大事故起数和死亡人数都下降了 18%以上；其中交通事故占 47.83%，矿业事故占 6.96%，爆炸事故占 12.17%，火灾占 8.70%，毒物泄漏与中毒占 6.09%，其他事故占 18.25%。特别重大事故 1 起，同比减少 3 起。但是，道路交通、煤矿、化工、建筑施工等行业领域事故时有发生，危险化学品事故总量依然很大。一些行业领域事故多发态势仍未得到有效遏制。

　　分析事故的原因，暴露出当前安全生产工作存在着一些深层次突出问题：一些地方和企业安全发展理念没有牢固树立；部分地方政府监管责任落实不到位，重点工作不落实，推动企业安全生产主体责任落实不力；没有认真吸取历史上同类事故教训；设计、建设、安全评价等第三方机构履责不到位，埋下安全隐患。

　　为深刻吸取事故教训，牢牢守住发展不能以牺牲人的生命为代价这条红线，建立健全安全生产工作长效机制，强化各项工作措施落实，有效防范和坚决遏制生产安全事故，危险化学品从业人员安全培训系列教材编写人员汇集了各领域具有典型意义的事故案例，按照危险化学品生产安全事故、经营安全事故、储运安全事故、使用安全事故、设备安全事故、其他安全事故和国外危险化学品安全事故的类别顺序编写了本书。

　　本书收集、整理了 73 起国内和 18 起国外典型化工和危险化学品事故，对事故原因进行了较为深入的研究、分析，并提出了建议及防范措施，对化工和危险化学品企业安全管理具有较好的警示教育作用，对提升企业本质安全水平专项行动，促进化工和危险化学品企业安全发展，具有一定的借鉴意义。

　　本书在编写过程中，参考了中华人民共和国应急管理部、省市地方安监局及国有大型企业公开的材料和专家的意见。在此对有关单位和人员表示衷心的感谢！由于时间紧，本书难免存在疏漏之处，敬请批评指正。

目 录

第3章　危险化学品储运安全事故 ……………………………………（49）

第1章 危险化学品生产安全事故

1.1 硝酸胍间歇式生产工艺导致连环爆炸事故

2012年2月28日，河北某公司发生重大爆炸事故，造成25人死亡、4人失踪、46人受伤，直接经济损失4459万元。

1.1.1 基本情况

河北某公司成立于2005年2月，2010年9月取得危险化学品生产企业安全生产许可证，未取得工业产品生产许可证。公司现有产品为硝酸胍和硝基胍。

该公司发生爆炸的地点为一车间。一车间产品是硝酸胍，设计能力为8900t/a。该公司硝酸胍生产为釜式间歇生产工艺，生产原料为硝酸铵和双氰胺，其生产工艺为：硝酸铵和双氰胺按2:1配比，在反应釜内混合加热熔融，在常压、175~210℃条件下，经反应生成硝酸胍熔融物，再经冷却、切片，制得产品硝酸胍。该工艺生产过程简单，是国内绝大多数硝酸胍生产厂家采用的工艺路线。

1.1.2 事故经过

一车间共有8台反应釜，自北向南单排布置，依次为1~8号。事发当日，1~5号反应釜投用，6~8号反应釜停用。2月28日8时40分左右，1号反应釜底部保温放料球阀的伴热导热油软管连接处发生泄漏自燃着火，当班工人使用灭火器紧急扑灭火情。其后20多分钟内，又发生3~4次同样火情，均被当班工人扑灭。9时4分许，1号反应釜突然爆炸，爆炸所产生的高强度冲击波以及高温、高速飞行的金属碎片瞬间引爆堆放在1号反应釜附近的硝酸胍，引起次生爆炸。事故发生后，一车间被全部炸毁，北侧地面被炸成一东西长14.70m，南北长13.50m的椭圆形爆坑，爆坑中心深度3.67m。8台反应釜中，两台被炸碎，三台被炸成两截或大片，三台反应釜完整。一车间西侧的二车间框架主体结构损毁严重，设备、管道严重受损；东侧动力站西墙被推垮，控制间控制盘损毁严重；北侧围墙被推倒；南侧六车间北侧墙体受损；整个厂区玻璃多被震碎。经计算，事故爆炸当量相当于6.05t TNT。

1.1.3 原因分析

（1）直接原因

该公司从业人员不具备化工生产的专业技能，一车间擅自将导热油加热器出口温度设定高限由215℃提高至255℃，使反应釜内物料温度接近了硝酸胍的爆燃点（270℃）。1号反应釜底部保温放料球阀的伴热导热油软管连接处发生泄漏着火后，当班人员处置不当，外部火源使反应釜底部温度升高，局部热量积聚，达到硝酸胍的爆燃点，造成釜内反应产物硝酸胍和未反应的硝酸铵急剧分解爆炸。1号反应釜爆炸产生的高强度冲击波以及高温、高速飞行的金属碎片瞬间引爆堆放在1号反应釜附近的硝酸胍，引发次生爆炸，从而引发强烈爆炸。

（2）间接原因

① 安全生产责任不落实

企业负责人对危险化学品的危险性认识严重不足，贯彻执行相关法律法规不到位，管理人员配备不足，单纯追求产量和效益，错误实行车间生产的计件制，造成超能力生产，严重违反工艺指标进行操作。技术、生产、设备、安全分管负责人严重失职，对违规拆除反应釜温度计，擅自提高导热油温度等违规行为，听之任之，不予以制止和纠正。此事故发生前该车间曾3次发生异常情况，但均未认真研究分析异常原因，放纵不管，失去整改机会，最终未能防范事故的发生。

② 企业管理混乱，生产组织严重失控

公司技术、生产、安全等分管副职不认真履行职责，生产、设备、技术、安全等部门人员配备不足，无法实施有效管理，机构形同虚设。车间班组未配备专职管理人员，有章不循，管理失控。企业生产原料、工艺设施随意变更，未经安全审查，擅自将原料尿素变更为双氰胺。未制定改造方案，未经相应的安全设计和论证，增设一台导热油加热器，改造了放料系统。设备维护不到位，在反应釜温度计损坏无法正常使用时，不是研究制定相应的防范措施，而是擅自将其拆除，造成反应釜物料温度无法即时监控。生产组织不合理，一车间经常滞留夜班生产的硝酸胍，事故当日，反应釜爆炸引发滞留的硝酸胍爆炸，造成重大人员伤亡。

③ 车间管理人员、操作人员专业技能低

公司车间主任和重要岗位员工全部来自周边农村，多为初中以下文化程度，缺乏化工生产必备的专业知识和技能，未经有效安全教育培训即上岗作业，把危险程度较低的生产过程变成了高度危险的生产过程；针对突发异常情况，缺乏有效应对的知识和能力。车间主任张某为加快物料熔融速度和反应速度，完成生产任务，擅自将绝不可以突破的工艺控制指标（两套导热油加热器出口温度设定高限）调高，使反应釜内物料温度接近了硝酸胍的爆燃温度。车间操作人员对反应釜温度计的作用毫无认识，生产过程中，在出现因投入的硝酸铵物料块较大，反应釜搅拌器带动块状硝酸铵对温度计套管产生撞击，频繁导致温度计套管弯曲或温度指示不准等情况时，擅自拆除了温度计，导致对反应釜内物料温度失去了即时监控。

④ 企业隐患排查走过场

企业隐患排查治理工作不深入、不认真，对技术、生产、设备等方面存在的隐患和问题视而不见，甚至当上级和相关部门检查时弄虚作假，将已经拆除的反应釜温度计临时装上应付检查，蒙混过关。对反应釜温度缺乏即时监控、釜底连接短管缺乏保温等隐患，尤其是反应釜喷料、导热油管路着火等异常情况的内在隐患，以及导热油温度提高的危险性等不重视，不分析研究，不及时认真整改。

1.1.4　建议及防范措施

（1）切实加强企业安全管理

企业要按照相关法律法规、标准和规范性文件的规定和要求，结合自身安全生产特点，制定适用的安全生产规章制度、安全生产责任制度和安全操作规程，加强安全管理。一是建立健全安全、生产、技术、设备等管理机构，足额配备具有化工或相关专业知识的管理人员，在车间设置专、兼职安全管理人员。二是建立健全安全生产责任体系，严格落实主要负责人、分管负责人以及各职能部门、各级管理人员和岗位操作人员的安全生产责任。三是依据国家标准和规范，针对工艺、技术、设备设施特点和原材料、产品的特性，不断完善操作规程。四是制定并严格执行变更管理制度，对工艺、设备、原料、产品等变更，严格履行变更手续。五是合理组织生产，严禁超能力生产，严格按相关规定和物质特性确定生产场所原料、产品的滞留量，做到原料随用随领，产品随时运走。六是加强对设备设施的日常维护保养和检验检测，确保设备设施完好有效、运行可靠。七是严禁边生产边施工建设，对确实不能避免的，要采取有效的安全防范措施，严格控制施工人员数量，确保生产、施工人员安全。

（2）全面提高从业人员专业素质

严控从业人员准入条件，强化培训教育，提高从业人员素质。提高操作人员准入门槛，涉及"两重点一重大"（重点危险化工工艺、重点监管危险化学品、重大危险源）的装置，要招录具有高中以上文化程度的操作人员、大专以上的专业管理人员，确保从业人员的基本素质；要持续不断地加强员工培训教育，使其真正了解作业场所、工作岗位存在的危险有害因素，掌握相应的防范措施、应急处置措施和安全操作规程，切实增强安全操作技能。

（3）深入排查治理事故隐患

企业要建立长期的隐患排查治理和监控机制，组织各职能部门的专业人员和操作人员定期进行隐患排查，建立事故隐患报告和举报奖励制度，鼓励从业人员自觉排查、消除事故隐患，形成全面覆盖、全员参与的隐患排查治理工作机制，使隐患排查治理工作制度化、常态化，做到隐患整改的措施、责任、资金、时限和预案"五到位"，确保事故隐患彻底整改。要加强安全事件的管理，深入分析涉险事故、未遂事故等安全事件的内在原因，制定有针对性的整改措施，防患于未然，把事故消灭在萌芽状态。

1.2 合成反应液储罐设计不合理导致连环爆炸事故

2008年8月26日，广西某公司有机厂发生连环爆炸事故，造成21人死亡、59人受伤，厂区附近3km范围共11500多名群众疏散。事故造成直接经济损失7586万元。

1.2.1 基本情况

（1）企业概况

该公司有机厂位于厂区中、南部，醋酸乙烯产能 $6.0×10^4t/a$，分为罐区、合成、蒸馏、醇解、聚合、回收、包装等主要生产单元。生产流程如下：来自公司电石厂的乙炔经过清净后与醋酸蒸气进入合成工段经醋酸锌-活性炭催化作用生成反应液，反应液经精馏工段分离得到精醋酸乙烯、醋酸等；醋酸乙烯送入聚合工段在引发剂偶氮二异丁腈作用下聚合生成聚醋酸乙烯溶液，聚醋酸乙烯溶液进入醇解工段与甲醇、氢氧化钠发生反应生成聚乙烯醇，醇解废液送往回收工段回收。

醋酸乙烯生产使用的原料、中间产品、成品、副产物主要有乙炔、醋酸、醋酸乙烯、甲醇、乙醛、醋酸甲酯等。

（2）有机厂罐区概况

有机厂罐区区于合成、蒸馏工段南面厂区道路对面，原有 26 台 100m³ 常压储罐；其中，铝质罐 13 台，碳钢罐 13 台；其中反应液 CC-601 储罐 3 台。1992 年以来，先后增加酒精、醋酸、树脂及醋酸乙烯等 6 台储罐，现共有 32 台储罐，总储量 4600m³。各储罐均有外保温层，罐顶设有防爆膜（CC-604D 未装）、浮子式液位计。

罐区共有 32 台常压储罐，总储量 4600m³，储存物料均为甲、乙类液体。

① 罐区内储罐按不同物料分组，每组配有 1 台尾气冷凝器（其中 CC-607 系列配两台尾气冷凝器），以-7℃冷冻甲醇溶液或循环水作为冷源。除 CC-604C 的尾气冷凝器放空管配有阻火器外，其他 7 个尾气冷凝器的放空管均未装有阻火器和 U 形液封管。其中，CC-601 系列五个罐并联使用（俗称"串用"），其进出料管、尾气管由总管相连在一起。其中，CC-601D 因液位计损坏，于 2008 年 6 月 6 日将 CC-601D 的反应液进口阀关闭，但出口阀未关。

② 罐区四周设有防火堤，高度 300~500mm，罐区防火堤设有三个排水口，三个排水口均无隔断阀。罐区有环形消防通道。罐区两侧设置 6 个消火栓，配有 35kg 干粉灭火器 5 个，8kg 干粉灭火器 8 个。

③ 罐区在建设时安装有固定式泡沫灭火装置，1982—1984 年因生产活动不正常，设备没有得到维护无法继续使用，于 1999 年拆除。

④ 每个储罐均配有事故氮气管线，但只供储罐发生事故或检修时置换用，不起氮封保护作用。

⑤ 罐区周边设有 10 支独立避雷针。储罐无静电保护装置，工艺管道法兰无静电跨接，而是利用罐体和工艺管道与地面接触来导除静电。2007 年 10 月 10 日，经防雷管理中心对罐区防雷、防静电装置进行检测，检测结果符合要求，有效期至 2008 年 10 月 10 日。

⑥ 事故氮气开关阀、料泵及料泵开关、动力电缆均安装在防火堤内。8 月 26 日 6 时 CC-601 系列各储罐储量较 8 月 25 日班交班时整体下降，当班合成和精馏工段的生产控制较为平稳，生产负荷没有大的调整和变化。合成反应液是通过泵 PP-601 送精馏工段精馏塔 TQ-201、TQ-201 的进料有反应液和塔顶低沸点组分物料返料两部分，总的进塔流量控制平稳，反应液的流量与 TC-201 塔顶低沸点组分物料受槽 CC-201（20m³）返回 TQ-201 返料量相互平衡，低沸点组分物料运料量的大小，会对 CC-601 储罐的存量变化有影响。

1.2.2 事故经过

2008 年 8 月 26 日该公司有机分厂罐区合成反应液 CC-601 系列某一储罐发生爆燃，部分顶盖及罐体被撕破往上翻，罐内物料往上喷出，同时引起气相管与之相连的 CC-601 系列的其他储罐发生爆破和管道断裂，罐体被震坏，罐内物料流出，蒸发成大量可燃爆蒸气云随风向小回收、合成、配电室、蒸馏等方向扩散，与空气形成可燃爆炸性混合气体。其中乙炔密度比空气小扩散最快，分散在较高位置，醋酸乙烯等蒸气密度比空气大，分布在距地面较低和地势坑洼处。部分当班职工尚未能及时撤出到安全地带时，混合气体（白雾）在合成工段与罐区附近遇点火源引起大爆炸。合成、蒸馏、醇解、聚合等工段及罐区的部分设备、管道被巨大的爆炸冲击波震坏，大量物料泄漏引发随后的多次连环爆炸，有机厂全厂到处燃起大火。

1.2.3 原因分析

（1）直接原因

发生爆炸事故的直接原因是：反应液 CC-601C 储罐气相空间是以乙炔为主的可燃气体，事发时，储罐液位整体下降，罐内吸入空气，与罐内的可燃气体混合形成爆炸性气体，遇静电火花导致罐内气体发生爆燃，并引起 CC-601 系列其他储罐同时发生爆燃。

CC-601 系列储罐气相发生爆燃后，物料泄漏蒸发与空气混合成爆炸性蒸气云团向生产区飘逸扩散，遇火源引发空间连续化学爆炸，导致其他装置和建筑物被炸毁，部分未能撤出的当班作业人员伤亡。

具体如下：

① CC-60 系列储罐存在有设计缺陷，5 台反应液储罐并联使用，尾气集中通过一台换热面积为 $18m^2$ 尾气冷凝器，经冷凝后不凝气(主要是乙炔)直接放空，放空管没有安装阻火器；储罐的液位计采用浮子式液面计，直接在罐顶盖上开孔安装，当罐内液位下降形成负压时，导致空气从放空管和液位计钢丝绳孔进入罐内，与罐内的可燃气体形成以乙炔为主的爆炸性混合气体(乙炔的引爆能量仅为 0.02mJ)。

② CC-601 系列反应液储罐无静电接地，物料进出管道法兰无静电跨接线，单靠罐体和工艺管道与地面接触不能可靠有效地导除静电，当静电的产生大于静电泄漏时，可导致静电积聚。

③ 企业自行设计并更换了 CC-601 系列出料泵，使出料泵的流量和扬程由原设计时的 $13.8m^3/h$，$H=35m$，1999 年更换为 $Q=30m^3/h$，$H=48m$，2008 年又更换为 $Q=50m^3/h$，$H=60m$，流速从 0.76m/s 提高到 1.65m/s，再到 2.82m/s，流速提高了 2.7 倍，扬程提高了 0.7 倍(压力提高)，增加了物料与管壁及罐壁的摩擦强度，使静电积聚增大；加上大修中计划清除的罐底炭粉工作没有按计划实施，增加了 CC-601 系列储罐各出料口的阻力，致使并联使用的 5 个罐管道和液面不平衡，导致罐内液面波动大，摩擦加剧，也增加了静电积聚。当静电积聚到一定程度、电位差过大时产生静电火花，引起罐内爆炸性混合气体发生爆燃。

CC-601 系列储罐发生爆燃后，物料泄漏蒸发与空气混合形成爆炸性蒸气云团，随风向合成工段和有机厂变配电间、蒸发工段等飘逸扩散，遇电火花或其他明火发生可燃气体空间化学爆炸。

（2）间接原因

① 工艺管理落后

• 装置投产后，产量增加了 2 倍，但没有相应增加中间储罐容量，造成物料停留时间过短，进出物料流速加快，静电更易积聚。

• 罐区操作规程不完善，储罐的物料没有温度控制要求，液位控制指标不明确。

• 有机厂生产全部采用常规就地仪表控制，没有自动控制系统和紧急停车装置。

• 罐区储罐没有安装液位、温度、压力测量监控仪表和可燃气体泄漏报警仪表。各储罐原设计有温度测量装置，但未按设计安装使用。

② 罐区设计缺陷

该公司有机厂于 1971—1972 年设计、安装。受当时国内技术水平的限制，设计所依据的技术标准、规范和技术要求与现行标准、规范和技术要求相比较低，故装置的自动化控制水平低，部分工艺装置和控制技术已不符合现行的标准、规范，罐区的布置、安全设施等也不符合现行标准规范的要求。主要有以下几个方面。

- 按《石油化工企业设计防火规范》规定：罐组内的生产污水管道应有独立的排水口，且应在防火堤外设置水封，并宜在防火堤与水封之间的管道上设置易开关的隔断阀。该厂罐区防火堤排水口未设置隔断间，不能切断漏出的物料，使物料流出并进入下水道发生爆燃，导致事故损失扩大。

- 按《石油化工企业设计防火规范》规定：罐组的专用泵（或泵房）均应布置在防火堤外。但该罐区的设计中将罐区料泵、事故氮气阀、动力电缆及电气开关均装在防火堤内。

- 储罐采用浮子式液面计，并直接在罐顶盖上开孔安装。使罐内直接与大气相通，空气可进入罐内。

- 反应液储罐未设置乙炔回收装置，尾气冷凝器放空管无阻火器和呼吸阀，冷凝液回流管未设 U 形液封管。

- 储罐布置不合理，将 $100m^3$ 储罐排成三排。与《石油化工企业设计防火规范》第 5.2.8 条规定"罐组内的储罐，不应超过两排"不相符。

③ 安全装置缺陷

- 《石油化工企业设计防火规范》规定：对爆炸、火灾危险场所内可能产生静电危险的设备和管道，均应采取静电接地措施。但对罐区储罐未按原设计设置静电接地保护装置的问题长期未引起重视并整改。1999 年和 2008 年两次更换 CC-601 系列出口泵时，对流量和扬程（压力）增大后可能带来的静电危害性认识不足，没有采取相应的防护措施。

- 罐区原设计有泡沫灭火系统，但 1982 年后因缺乏维护无法使用，1999 年企业擅自将其拆除；氮气灭火系统（事故氮）为人工操作，并将氮气阀门装在防火堤内。以致在发生事故时不能及时投用。

- CC-601 系列尾气冷凝器的冷凝液未设置导流管或导流板，冷凝液从距底板 6650mm 高的管口直接流入罐内，冲击罐内液面时易产生静电火花酿成事故。

- 合成工段部分乙炔管道选用塑料材质，管道强度低，受爆炸冲击波影响，管道爆裂，使乙炔气漏出；此外，在电石厂乙炔气柜送合成工段的乙炔出口管未设隔断装置，造成在事故状态下，无法将乙炔气源隔断，使气柜中约 $780m^3$ 的乙炔全部释放。

1.2.4　建议及防范措施

① 罐区应按标准规范进行平面布置。

② 罐区各储罐应采用有效的氮封保护，且氮封装置必须保持全天候运行。

③ 完善储罐防雷防静电接地设施，罐体及管道均应设防静电保护装置，接地电阻经测试合格（宜每 6 个月测试一次）。

④ 各储罐的防爆膜强度及泄压面积应经计算，并经试验合格后方可制作安装。

⑤ 完善储罐的温度、液位的测量和监控仪表。对易燃易爆化学品储罐必须安装液位、温度、压力超限报警仪表。

⑥ 在有易燃易爆和有毒物质的重点岗位及重大危险源安装可燃或有毒气体自动检测报警系统和视频监控装置。

⑦ 完善罐区岗位操作规程，严格对液位、温度和压力的监控。

⑧ 加强工艺管理，实施技术改造，装备集散控制系统和紧急停车系统，提高自动化控制水平。

⑨ 完善相关防火防爆设施，恢复泡沫灭火系统。

1.3 不成熟工艺导致甲硫醇外泄中毒事故

2016 年 11 月 19 日，在河北某甲公司和南京某乙公司合作实验生产噻唑烷过程中发生甲硫醇等有毒气体外泄，致当班操作人员中毒，造成 3 人死亡、2 人受伤，直接经济损失约 500 万元。

1.3.1 基本情况

（1）企业概况

甲公司成立于 2013 年，经营范围为：三嗪酰胺技术开发、咨询、生产、销售；按农药登记证核定的范围从事农药制造、加工、销售、外贸出口业务。化工产品（不含危险、剧毒、易制毒、监控化学品）批发零售。该公司农药系列产品搬迁技改项目处于安全设施设计审查阶段（法律法规禁止的不得经营，应审批的未获审批前不得经营）。

乙公司成立于 2008 年，经营范围：化工机械、化工产品、化工原料、日用百货、建筑材料、五金、交电、服装销售；医药、原料药、农药及中间体的技术开发、转让、咨询、服务；危险化学品经营（按危险化学品经营许可证许可范围经营）。该公司只有业务场所，无储存设施，实行票来票去经营模式。

（2）发生事故装置布置情况

发生事故的厂房于 2014 年建成，长方形构造，长 71m，宽 35.7m，厂房中间用防火墙分成东西两部分，厂房西部布置《农药系列产品搬迁技改项目》的农药制剂生产装置及其包装线；厂房东部设原生产 3-氨基吡啶（非危化品）生产装置，处于停产闲置状态。发生事故的装置是试验生产噻唑烷装置。2016 年 9 月甲公司按照乙公司提供的设计草图，将闲置的 3A 装置中的 5 台搪玻璃釜进行改造，从南向北依次布置反应釜（5000L），三级吸收釜（2000L）、闲置搪玻璃釜、结晶釜（5000L），另外闲置搪玻璃釜西侧平台下布置一台离心机，并在厂房北侧外部改造两台喷射真空泵，增设 1 台液碱储罐、2 台次氯酸钠储罐、1 台吸收液（甲硫醇钠溶液）储罐，合成噻唑烷实验装置；将另外 5 台闲置的搪玻璃釜改造为合成噻虫啉装置；其他设备仍闲置。

该公司合成噻唑烷所需原料：水、液碱、半胱胺盐酸盐、氰亚胺荒酸二甲酯（以下简称荒酸二甲酯）、盐酸、次氯酸钠，其中半胱胺盐酸盐、荒酸二甲酯、水不属于危险化学品，主要副产物为甲硫醇属高毒危险化学品。

甲硫醇为无色气体，有令人不愉快的气味，沸点为 5.95℃，相对密度（空气＝1）为 0.9，有毒，能刺激眼睛、呼吸道和中枢神经引起麻醉。吸入后引起咳嗽、胸闷、气喘，可引起眼睛刺痛、复视，导致肺水肿和肝肾功能损害。人暴露在甲硫醇浓度为几百 ppm 时，1min 内便会昏迷、死亡。

该公司从 2016 年 10 月 8 日左右，开始进行噻唑烷工业化实验，即由实验室小试成功后，到车间噻唑烷实验装置上进行中试。在实验过程中，开开停停，技术人员根据实验情况，随意调整工艺参数和操作步骤，至中毒事故发生，共生产了约 5t 噻唑烷，除现场存有约 1.88t 外，其余均用于合成噻虫啉（农药）。共生产噻虫啉约 8.3t，其中，已销售 6.08t，

7

生产装置区域现存约 1.4t，库存约 0.5t。

噻唑烷实验主要原材料及技术来源如下：

主要原材料半胱胺盐酸盐（非危化品）从杭州某公司购买，共购买 21t；荒酸二甲酯（非危化品）从淄博等某公司购买。

噻唑烷技术是由南京某公司提供。噻唑烷技术是由乙公司试验室自主研发而来，在别的地方没用过，是首次使用。计划试验成功后，另建设生产厂房和设备进行正式生产。在试验过程中就发生了中毒事故。

1.3.2　事故经过

2016 年 11 月 18 日晚夜班当班操作工共 9 人，其中生产现场 7 名操作工，另外 2 名工人在其他车间。18 日晚 20 时 30 分当班人员接班，开始做准备工作，22 时 30 分左右，二层平台反应釜主操作工邢某完成向反应釜内加工艺水及液碱工作，开始降温，19 日 0 时 10 分左右，料温 8℃，邢某叫来辅助工张某在二层平台通过开启反应釜人孔一起投加半胱胺盐酸盐，投加完成后开始降温，约 1h 后，邢某与张某又通过人孔向反应釜内投放荒酸二甲酯（真空系统处于开启状态），当投放到大约第 11 袋时（每袋重约 40kg，需要投 18 袋），邢某出现呼吸困难、站立不稳现象，双手扶在了反应釜上，张某见状，迅速将其拖拽到反应釜西侧，同时呼救，在一层的班长杨某，离心操作工张某、韩某听到呼救后相继跑到二层平台，杨某给车间主任任某打电话，拨通电话后随即晕倒，张某见状迅速将杨某抱到车间北门外，张某、韩某关闭二层平台反应釜的人孔盖，随即张某晕倒，韩某跑出车间呼救，离心操作工周某与帮忙清理离心机的常某在救援过程中也中毒晕倒。任某接到杨某电话后，赶到事发车间，并给噻呋酰胺车间主任史某打电话，让工人们戴好防毒面具过来救人，后相继将邢某、张某、周某、常某四人救出，并对 5 名中毒者紧急施行胸部按压心脏复苏术进行现场救治。于某拨打了 120 急救电话，将 4 人送到医院进行急救。邢某、周某、张某 3 人经抢救无效死亡；常某、杨某住院治疗，暂无生命危险。

1.3.3　原因分析

（1）直接原因

两公司合作工业化实验噻唑烷过程中，使用不成熟的生产技术，工艺设计存在缺陷，造成副产品甲硫醇等有毒混合气体外泄，致主操作工中毒，现场人员施救不当，造成事故扩大。

（2）间接原因

① 乙公司提供了不成熟的技术，由其设计的噻唑烷实验装置存在缺陷，未经安全论证就投入使用，擅自组织冒险进行噻唑烷试验生产。

② 乙公司明知甲硫醇的危险特性，未对现场的安全风险进行分析辨识，未制定有效的安全防护措施，未告知现场操作人员危险性，未制定安全操作规程，未对现场操作人员进行安全教育培训，致使现场操作人员对甲硫醇的危害性认识不足，防护不当。

③ 甲公司采用未经论证的不成熟技术，未进行安全风险分析，未制定有效的安全防护措施，未制定安全操作规程，擅自组织职工冒险作业。

④ 甲公司安全生产三项制度、"五落实，五到位"的规定形同虚设；各级安全生产责任制不落实。公司组织机构混乱，分工不明，职责不清。

⑤ 甲公司安全培训教育流于形式，走过场。特别是对一线职工的培训针对性不强，不

到位。比如：对转岗到噻唑烷实验岗位的职工，未重新进行车间级和班组级安全教育；未告知职工现场物料的危险特性和工艺过程存在的危险因素；未对操作规程、应急处置措施、劳动防护用品使用进行专门培训；公司未制订相应中毒现场处置方案，未对员工进行应急救援演练；员工缺乏自救和互救技能，造成中毒事故扩大。

⑥甲公司隐患排查制度落实不到位，对发现的隐患和问题排查整治不及时，对发现的事故苗头不重视。

⑦甲公司未采取自动控制，安全水平低。噻唑烷试验岗位采取人工加料操作，致使操作人员直接暴露在有毒环境中。

⑧甲公司劳动防护用品使用管理不规范，没有制定配备、更换、报废相关制度，缺少劳动防护用品发放台账。

⑨甲公司所在产业园区及属地安监局安全监管责任不到位。对该公司采用合作公司不成熟的技术，擅自组织职工冒险进行噻唑烷工业化试验失察，安全生产监督检查不到位，对"打非治违"职责履行不到位。

1.3.4 建议及防范措施

甲公司要严格履行安全生产主体责任，切实把安全生产工作作为企业头等大事来抓。一是要认真执行国家及有关部门颁布的规范标准并落实到位；二是要加强安全生产宣传教育，强化全体员工的安全知识和技能；三是坚决杜绝擅自利用生产装置进行工业化实验行为；四是要进一步强化有毒作业环境的安全管理，严格条件确认、严格作业许可、严格风险分析辨识，严格现场监控，同时必须明确操作人员、监督人员及管理人员的安全职责，并建立切实可行的安全管理制度，确保作业安全；五是各级管理人员、作业负责人和具体作业人员要严格履行各自的安全职责，切实做好作业现场监督、检查、隐患排查治理工作，杜绝各类"三违"行为。

乙公司要严格禁止随意提供未经安全论证，首次使用的不成熟技术和生产工艺，严禁在安全生产条件不具备的情况下组织冒险进行工业化实验；认真落实企业安全生产主体责任，依法经营，依法开展技术研发，真正把安全生产摆在重中之重的位置。要深刻吸取事故的惨痛教训，深刻剖析企业安全生产存在的深层次问题，研究制定相应的对策措施；要切实加强新产品技术研发的管理，建立健全安全生产管理制度，并有效落实。

1.4 工艺控制系统缺陷导致水煤浆管线爆炸事故

2008年2月13日8时57分，南京某公司合成氨部煤气化装置煤浆泵出口至气化炉段管线发生爆炸事故，造成1人死亡，6人受伤。

1.4.1 基本情况及事故经过

2008年2月13日，南京某公司合成氨部煤气化装置正在运行的煤气化炉B炉锁渣阀KV210、KV209关不严，计划切换至A炉运行，B炉进行检修处理。合成氨部安排对A炉系统进行倒炉检查，为第二天切换 A 炉作准备。为防止送入 A 炉的煤浆管线堵塞和积水，影响 A 炉开车投料，8 时 30 分左右，工段长通知当班班长检查高压煤浆泵 P3201A 出口阀是否打开，出口导淋阀是否进行排空。班长接到工段长的电话指令后，与一名操作工黄某一起来到高压泵现场，错误地走到正在运行的 P3201B 泵出口，试图开启该泵出口导淋阀。因该阀太紧，开不动，于是两人找到两名民工帮助开阀，班长有事离开。8 时 57 分导淋阀打开，煤浆突然喷出，煤浆排放管线受到煤浆喷出的反作用力而反弹变形，将一名民工挤压在变形的煤浆排放管线与管道支架之间，其他两人紧急救护，但未能将其拽出，后见现场响声增大，两人各自跑开，随即煤浆管线发生爆炸。事故造成 1 人死亡、6 人受伤，P3201B 泵出口到气化炉 B 炉的长度为 124m 的煤浆管线几乎全部炸碎，管线碎片最远抛到 200m 外的其他装置区，煤浆管线附近的电缆桥架及电缆损坏，邻近的灰水罐、滤液罐、火炬放空管线、原水管线等被爆炸碎片砸损，邻近的磨煤厂房等建筑物的门窗、玻璃受损。

1.4.2 原因分析

（1）直接原因

操作工错开阀门，将正在运行的煤浆泵出口导淋阀打开，煤浆泄出，导致进入汽化炉的氧气和炉膛内的高温、高压工艺气从烧嘴煤浆环隙倒窜到煤浆管线，形成爆炸性混合气体，发生爆燃，火焰在沿管道传播过程中加速，引起爆轰，将整条管线炸碎。

（2）间接原因

工艺控制系统存在缺陷，在汽化炉烧嘴停止喷出煤浆后，不能有效联锁关闭氧气。在煤浆管道破裂或导淋阀意外开启的情况下，不能防止进汽化炉的氧气和炉内工艺气体从烧嘴环隙倒窜到煤浆管线，使操作工开错阀门的行为酿成爆炸事故。

① 煤浆流量低联锁没有动作的原因。煤浆管线上有 3 个流量计，流量联锁采用三选二参与汽化炉安全联锁，一个在炉顶，一个在距煤浆泵出口 40m 处的管道上。事故发生前，3 个测点的煤浆流量值都为 67m³/h，事故发生时 DCS 显示两个煤浆流量测点数值急剧上升，为 102m³/h，另一个测点数值有所下降，但没有达到联锁跳车值（跳车值为 17m³/h），在事故过后才大幅下降。分析其原因是煤浆管线使用的电磁流量计，不识别流向，无论正向流动还是反向流动都显示流量，在煤浆倒窜后，依旧显示流量，所以煤浆流量低联锁也没有起作用，未能及时切断氧气。

② 事故过程分析。引发此次事故的直接因素是操作工打开了正在运行的煤浆泵 P3201B 出口导淋阀。煤浆管道内压力为 12.6MPa，外部为常压，内外压差很大，当阀门打开后，大量煤浆就由导淋管喷出，排向地沟。

煤浆管线上有 3 个流量计，流量联锁采用三选二参与汽化炉安全联锁，当煤浆流量降低时，联锁应立即动作关闭氧气，如图 1.1 所示。

但是由于工艺控制系统存在缺陷，在导淋阀意外开启的情况下，不能有效联锁关闭氧气，导致大量氧气进入汽化炉，先在喷嘴附近形成过氧区，再从烧嘴煤浆环隙窜到煤浆管线，同时少量工艺气体倒进煤浆管线。在这一阶段，进入管道的气体主要是氧气和少量工艺气，混合气的温度尚未达到氢气的自燃点。

煤浆管线中的煤浆排净后，气体开始由导淋管排出，在这一阶段，由于气体流速大大增加，进入管道的工艺气体的含量增加，工艺气体和氧气混合物的温度升高，超过氢气的自燃点，管道内先发生爆燃，形成"火焰阵面"。爆燃释放的能量压缩未燃气体使周围气体压力

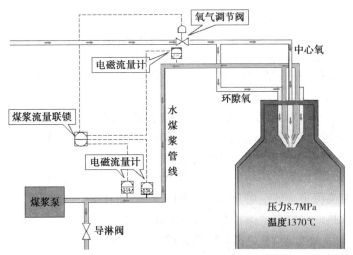

图 1.1 工艺流程

升高,产生"前驱冲击波"。在管道的强约束作用下,"后随火焰阵面"会逐渐加速并追赶上"前驱冲击波阵面",火焰阵面和冲击波阵面合二为一产生"爆轰波",最终导致爆轰发生。

③ 事故的发生还暴露出公司在生产现场临时用工管理方面存在的漏洞。目前部分企业聘用大量临时工在装置现场从事清扫等辅助性工作,这些工人并没有接受过与相应装置有关的安全培训,对工艺装置现场的危险性不了解,工作时间和地点都不固定,装置发生事故时容易受到伤害。

1.5 未按工艺卡片控制温度导致罐体撕裂引发火灾事故

1.5.1 基本情况

某公司常压焦化装置设计加工塔河劣质稠油,原设计规模为 $120×10^4$ t/a,始建成于 2004 年 10 月,并于当年 12 月 1 日一次开车成功。2006 年进行 $150×10^4$ t/a 扩量改造,2009 年、2012 年、2016 年进行了大修和相关技术改造。装置采用原油经过常压蒸馏后常压塔底原油作为原料,采用"两炉四塔"工艺,大循环比焦化技术路线。

事故重污油罐 V1404,设计容积为 $646m^3$,设计温度为 $150℃$。设计介质为收集冷切焦水系统污油和重油设备检修时退出的污油,设计压力为常压储罐。

1.5.2 事故经过

5 月 1 日,该公司 1# 常压焦化装置运行辐射泵 P1103C 后密封发生泄漏,进行抢修,切换至辐射泵 P1103A 运行。5 月 5 日,泵 P1103C 具备投用条件。

5 月 5 日 16 时,根据设备副主任师甄某安排,运行一班按照《辐射进料泵 P1103C 预热方案》,对辐射进料泵 P1103C 进行预热,预热油为分馏塔底重油(温度 370℃左右)。辐射泵预热油从分馏塔底自压经辐射泵入口阀、辐射泵泵体、出口退油线、焦炭塔预热凝缩油罐(以下简称甩油罐)甩油泵出口线,通过水冷器跨线、放空塔回流控制阀,进入放空塔上部

11

T1104（φ3800×19203）上部。预热前，泵体引封油试压、置换。

18时，运行二班接班后，继续辐射进料泵P1103C预热操作，根据《P1103C预热记录表》记录，此时泵体温度为33℃。18时20分，放空塔液位94%，温度为103℃，压力为0.026MPa；18时33分，班长请示车间值班干部同意后，启动泵P1114A将放空塔油倒入重污油罐V1404，至21时47分，倒油完毕。

20时40分，焦炭塔T1101C进入预热阶段，预热初期预热凝缩油通过甩油泵（泵出口压力1.2MPa）去放空塔，约30min后，预热凝缩油改进分馏塔回炼；21时30分，焦炭塔T1101B改放空，放空油气需要改进放空塔，此前必须启动放空塔回流流程。焦炭塔T1101C预热甩油流程、放空塔回流流程与辐射进料泵P1103C预热原方案流程冲突，辐射泵预热油不能再通过甩油泵流程进入放空塔T1104。班长请示车间值班干部同意后，22时40分，外操刘某将辐射泵预热油由原方案流程改走重污油罐V1404。

23时，泵体上部温度230℃，出口法兰温度达到190℃，按照原方案需将预热流程改为辐射泵内循环，因担心预热存在排气不净，导致运行辐射泵抽空造成加热炉连锁，预热油一直进重污油罐V1404，此后流程没有改动，V1404液位缓慢上升，温度在105℃左右。

6日凌晨4时30分，重污油罐温度为140℃，液位33%；辐射进料泵入口法兰温度为280℃，出口法兰温度为200℃，泵体下部温度为210℃。当班期间，内操多次向班长和外操报告重污油罐V1404液面和温度。

7时45分，重污油罐V1404温度缓慢上升至150℃左右，由于温度较高，操作人员现场开大重污油罐V1404罐顶保护蒸汽。7时47分左右，在分馏塔巡检的外操人员，发现重污油罐V1404塔顶冒出大量白色蒸汽，随即用对讲机呼叫外操人员并迅速撤离，因外操人员关闭辐射进料泵入口阀，没能听到。

监控视频显示，随后汽量迅速变大，7时51分，罐内实际温度高达到156.5℃，蒸汽夹杂大量污油喷出，随后重污油罐V1404发出一声巨响，外操人员发现地面有流淌火进入泵区，赶紧迅速撤离，同时通知内操报火警，停加热炉、辐射泵及气压机，断加热炉瓦斯，装置紧急停工。

接到报警后，该公司立即启动应急预案全力扑救，随后消防车赶来救援。11时20分左右，火势得到控制，因高温部分管线破裂，管线存油一直燃烧到12时05分最终扑灭。

初步测算，事故直接经济损失约90.98万元（图1.2）。

图1.2　事故现场全景

1.5.3 原因分析

（1）直接原因

辐射进料泵 P1103C 进行预热操作（事发前流量约 6t/h）时，操作人员改变原方案，将预热油改进重污油罐 V1404，也未按照工艺卡片要求，控制进罐温度，导致罐内温度超过工艺指标（实际高达到 156.5℃），造成罐内热量积累，油水介质发生突沸，引起罐体撕裂，罐内 170t 介质（65%重油和 35%水）喷出，遇蜡油泵 P1109B（介质为焦化蜡油，温度 350℃）或其他高温管线着火。

（2）间接原因

① 违章指挥

车间值班人员擅自同意操作工将预热辐射进料泵的高温热油改进重污油罐。

② 违章操作

一是操作人员没有执行工艺卡片中重污油罐操作温度不大于 95℃的控制指标，实际温度已高达到 157℃，严重违章。

二是升温速度过快。按照《辐射进料泵 P1103C 预热方案》，升温速度应为 10℃/h，而实际平均升温速度 39.4℃/h，严重违章。

三是辐射进料泵 P1103C 达到 220℃后，未按照《辐射进料泵 P1103C 预热方案》改成"介质由出口流向入口预热泵体"的正常预热流程。

③ 变更管理失控

一是《辐射进料泵 P1103C 预热方案》变更随意，车间值班人员没有对流程变更后的风险进行分析，没有按照《甲公司变动工艺管线管理业务规范》履行变更手续。

二是辐射泵预热流程变更有缺陷。原设计辐射进料泵 P1103C 预热为预热出口至入口的内循环流程，但实际操作过程中，将预热油改进放空塔（或重污油罐 V1404），没有进行风险识别，对超温带来的风险没有采取防范措施；工艺流程中没有增设预热油进入放空塔（或重污油罐 V1404）的冷却设施，没有温度控制措施。

④ 工艺技术管理粗放

一是重污油罐 V1404 温度超指标现象较多，但车间没有考核和检查记录。

二是《1#常压焦化装置工艺技术规程》《1#常压焦化装置岗位操作法》，未见辐射进料泵 P1103C 变更的技术数据。

三是《辐射进料泵 P1103C 预热方案》由设备副主任编写，设备主任审核，车间主任、工艺技术员、工艺主任和安全人员未参与方案评审。

1.5.4 建议及防范措施

① 现场作业严格按照作业方案执行，杜绝"三违"。各项指令的下达、请示、落实要留有痕迹，准确记录在车间指令本上；各基层单位专业管理人员应定期开展指令记录检查，对违反操作规程、违章指挥的现象给予考核。

② 各基层单位和生产技术处、机械动力处等专业管理部门立即开展同类隐患排查；排查出的问题指定具体负责人，各专业管理部门进行问题整改或落实防护措施。

③ 开展专业安全和操作技能培训、教育、考核，切实提高员工的风险防范意识和专业技能。

④ 规范变更管理。开展工艺变更、工艺卡片的排查整改工作，补充和完善工艺技术规程、岗位操作法及工艺流程图；按照工艺变更管理制度，梳理历年来装置改扩建、技改技措、设备更新等资料，查找漏项并整改。开展工艺卡片管理的自查工作，重点自查内容为工艺卡片的监控记录、考核记录、培训记录，提高工艺卡片检查频次和考核力度。

⑤ 合理安排作业程序及工作任务。合理安排各项作业，高风险作业制定作业实施方案，各专业人员对作业方案进行会审，分析作业过程存在的安全风险，提出预防措施并落实到位。

⑥ 落实各专业岗位职责，规范管理职能。企管部门要监督检查公司各单位职能落实的情况，针对此次事故，举一反三，规范各单位行为。

1.6 违反操作规程致双苯厂爆炸事故

2005 年 11 月 13 日，吉林某公司双苯厂苯胺二车间发生爆炸事故，造成 8 人死亡，1 人重伤，59 人轻伤，并引发了松花江重大水污染事件，直接经济损失为 6908 万元。图 1.3 为爆炸事故现场。

图 1.3　爆炸事故现场

1.6.1 基本情况及事故经过

2005 年 11 月 13 日，吉林某公司双苯厂苯胺二车间因硝基苯精馏塔塔釜蒸发量不足、循环不畅，替休假操作工顶岗操作的二班班长徐某组织停硝基苯初馏塔和硝基苯精馏塔进料，排放硝基苯精馏塔塔釜残液，降低塔釜液位。

10 时 10 分，徐某组织人员进行排残液操作。在进行该项操作前，错误地停止了硝基苯初馏塔 T101 进料，没有按照规程要求关闭硝基苯进料预热器 E102 加热蒸汽阀，导致进料温度升高，在 15min 时间内温度超过 150℃量程上限。11 时 35 分左右，徐某回到控制室发现超温，关闭了硝基苯进料预热器蒸汽阀，硝基苯初馏塔进料温度开始下降至正常值。13 时 21 分，在组织 T101 进料时，再一次错误操作，没有按照"先冷后热"的原则进行操作，而是先开启进料预热器的加热蒸汽阀，7min 后，进料预热器温度再次超过 150℃量程上限。

13 时 34 分启动了硝基苯初馏塔进料泵向进料预热器输送粗硝基苯，当温度较低的 26℃粗硝基苯进入超温的进料预热器后，由于温差较大，加之物料急剧汽化，造成预热器及进料管线法兰松动，导致系统密封不严，空气被吸入到系统内，与 T101 塔内可燃气体形成爆炸性气体混合物，引发硝基苯初馏塔和硝基苯精馏塔相继发生爆炸。5 次较大爆炸，造成装置内 2 个塔、12 个罐及部分管线、罐区围堰破损，大量物料除爆炸燃烧外，部分物料在短时间内通过装置周围的雨排水口和清净下水井由东 10 号线进入松花江，引发了重大水污染事件。

1.6.2 原因分析

硝基苯精制岗位外操人员违反操作规程，在停止粗硝基苯进料后，未关闭预热器蒸汽阀门，导致预热器内物料汽化；恢复硝基苯精制单元生产时，再次违反操作规程，先打开了预热器蒸汽阀门加热，后启动粗硝基苯进料泵进料，引起进入预热器的物料突沸并发生剧烈振动，使预热器及管线的法兰松动、密封失效，空气吸入系统，由于摩擦、静电等原因，导致硝基苯精馏塔发生爆炸，并引发其他装置、设施连续爆炸。

爆炸事故也暴露了安全生产管理上存在的问题。该双苯厂对安全生产管理重视不够、对存在的安全隐患整改不力，安全生产管理制度存在漏洞，劳动组织管理存在缺陷。

1.6.3 建议及防范措施

针对该起事故，应当吸取深刻的教训并采取切实的防范措施，避免类似事故的再次发生。

① 各级党、政领导干部和企业负责人要进一步增强安全生产意识和环境保护意识，提高对危险化学品安全生产以及事故引发环境污染的认识，切实加强危险化学品的安全监督管理和环境监测监管工作。

② 要解决违章作业和误操作的问题，不仅要依靠人的注意力、责任心和各种规范和制度，还要在生产过程中增加防差错措施，减少对人的依靠，要用防差错装置和设备，配合人的操作，保证安全。

③ 对有安全风险的生产单元和设施，不宜采取配备最少人员或者人员配备不全的做法，对关键部位的操作，应现场配备明显的操作说明、危害识别和安全警告等，实行双人互监操作或安全监督跟进监督的工作制等，以消灭误操作的发生。

1.7 误操作导致低温氯化釜爆炸事故

2011 年 3 月 27 日 19 时 36 分左右，安庆市某公司制造车间 3 号低温氯化釜发生爆炸，同时引发车间局部火灾，造成当班人员 3 人死亡、1 人轻伤。

1.7.1 基本情况及事故经过

该公司产品包括三氯蔗糖、甲醇、盐酸、亚硫酸氢钠二甲基乙酰胺等。本次开车从 3 月 17 日开始，到 3 月 27 日事故前已经正常生产五批。

2011 年 3 月 27 日凌晨，氯化工段开始在 3 号低温反应釜进行氯化试剂的生产作业。4

时 30 分在 3 号低温反应釜投入 T11(DMF,二甲基甲酰胺)。5 时 25 分开始滴加 T13(氯化亚砜)。早班人员接班后,继续在 3 号低温反应釜滴加 T13(氯化亚砜)。11 时 20 分滴加氯化亚砜结束,开始保温。14 时 30 分开始真空浓缩;中班人员接班后,继续真空浓缩工作。19 时 10 分真空浓缩工作结束。19 时 34 分真空浓缩结束后,要进行开通氮气破除釜内真空,关掉夹套热水后通入−25℃盐水,并补加 T11(DMF,二甲基甲酰胺)降温。事后从操作记录和温度自动检测记录仪查看,到 19 时 34 分之前 3 号低温反应釜生产过程中温度压力都正常。但随后 2s 时间内温度瞬间从 47.4℃飙升至 141.6℃,发生爆炸起火。3 号低温反应釜大法兰整个冲飞,四楼承重梁断裂,釜体坠入三楼,与之相联的管线全部拉断,反应釜上 2 块防爆膜已爆破,整个四楼的窗户玻璃几乎全部破碎。3 人当时在四楼操作,在爆炸过程中受伤害;1 人当时在三楼操作,爆炸发生后,前往四楼抢险时受轻伤。

1.7.2 原因分析

(1) 直接原因

由于当班操作工事发时误操作,在准备补加 T11(DMF,二甲基甲酰胺)时,误将 T14(甲醇)高位槽阀门打开,将用于洗釜的高位槽剩余甲醇加入到釜内,与釜内物料发生剧烈反应,导致瞬间爆炸。

通过查看当班操作记录和无纸记录仪中 3# 低温氯化釜相关工艺参数发现,氯化工段从 3 月 27 日 5 时 25 分开始到 19 时 32 分之前,温度、压力一直处于正常状态,这段时间内氯化试剂生产过程的反应和真空浓缩已结束,可以排除这段时间因工况不稳造成事故的可能;但随后温度突然飙升至 141.6℃。此时 3# 低温氯化釜只有浓缩后氯化成盐试剂和极少量因配比过量的未反应 DMF,这两种物料可以安全共存。发生如此剧烈的升温,应该有其他物料参与反应,发生巨大放热造成。

通过现场查勘并结合低温氯化段工艺流程分析,与 3# 低温氯化釜相连的管线共有 10 条,能进入釜内的物料共有 6 种,分别是酯化液、DMF、氯化亚砜、氮气、水(吸收碱液、空气中的水和冷却水)和甲醇。

① 酯化液三种物料进入危险性和可能性分析

酯化液进入釜内物料可以与氯化成盐试剂反应,剧烈放热,如反应放出的热量不能及时移出,可以引起压力骤升,发生爆炸;但从现场检查酯化液高位槽情况看,高位槽底阀关闭,釜上酯化液进料阀门也关闭,酯化液有液位,从液位计量判断,与正常一批酯化液量相近,可以排除酯化液进入的可能。

② DMF 物料进入危险性和可能性分析

DMF 进入本身没有风险,真空浓缩结束后,氯化成盐试剂还要加入 DMF。仅 DMF 水分含量过高,加入 DMF 后水与物料反应放热导致爆炸;但从高位槽 DMF 取样分析水分含量不到 0.01%,当班操作记录也显示当天分析结果水分为 0.0028%,远远低于岗操规定的指标 0.05%以下,所以排除这一原因。

③ 氯化亚砜物料进入危险性和可能性分析

如氯化亚砜进入,该物料不与氯化成盐试剂反应,它可以和釜内少量的 DMF 发生反应,重复低温氯化试剂制取,如热量不能及时移出,可以引起压力骤升,发生爆炸;但氯化亚砜从工艺技术上设计为滴入方式,不能一次加入量过大,加之 3# 低温氯化釜,真空浓缩刚刚结束,开启冰盐水降温,并通氮气破真空,这种条件下,反应不可能导致在 2s 内温度骤升到 141.6℃，可以排除这一原因。

④ 氮气进入导致压力过高爆炸的风险分析

破真空时，需要通入氮气，如压力操作不当可以导至釜压过高，产生物理性破坏。

从开始通入氮气到事故发生间隔时间不超过 30min，氮气通过流量计控制，最大流量 16000L/h，按照最大流量，30min 通入氮气量约为 8000L，反应釜容积为 3000L，照此分析釜内压力不超过 0.27MPa，而反应釜设计压力 0.4MPa，使用压力 0.37MPa，因此发生氮气超压爆炸可能性不大；现场查看发现反应釜大法兰冲开，而氮气总管减压阀控制供气压力最大 0.4MPa，即使流量计故障釜内压力达到 0.4MPa，推断导致反应釜大法兰冲开的可能性也不大，可以排除这一原因。

⑤ 水进入危险性和可能性分析

水进入 3# 低温氯化釜，有 4 种可能，一是氮气带水，二是吸收碱液倒入，三是破真时空气中的水进入，四是夹套内盐水漏入釜内。如水进入釜内物料可以与氯化成盐试剂反应，剧烈放热，如反应放出的热量不能及时移出，可以引起压力骤升，发生爆炸。

氮气在事故之前已连续投料五批，反应釜及高位槽都使用氮气保护，未发生异常情况，事后打开氮机缓冲罐排污阀无水放出，3 月 26 日及以前的操作记录显示氮气供气压力为最高 0.42MPa，纯度为 99.99%。因此氮气带大量水可能性不大，即使夹带少量水分与物料反应放出的热量不会导致现场如此大的破坏力，可以排除。

如破真空时操作不当，放空时釜内未达到正压就关掉真空泵，加之管线上单向阀内漏，存在吸收液倒吸至釜内与物料剧烈反应爆炸的可能。但真空系统先后通过两个 1000L 的缓冲罐连接到釜上，现场检查缓冲罐完好，罐上所有阀门都处于关闭状态，缓冲罐内无积水，因此倒吸可能性不大，可以排除。

如反应釜内壁表层搪瓷破损，导致物料腐蚀碳钢釜体，腐蚀穿透釜壁导致夹套内盐水漏入釜内与物料发生剧烈反应爆炸；但从现场情况看，未发现反应釜内搪瓷破损泄漏，因此排除夹套盐水漏入釜内导致反应爆炸。

⑥ 甲醇进入釜内可能性和危险性分析

从现场查看甲醇高位槽底阀关闭，甲醇管道与 DMF 管道相邻并行，最后合并通过同一个阀门进釜，该阀门处于半开状态，合并前甲醇管道还有一道阀门是处于关闭状态，DMF 高位槽底阀处于打开状态，合并前 DMF 管道的另一道阀门也处于关闭状态，现场查看甲醇高位槽内无甲醇。

甲醇高位槽内甲醇是在投料之前洗釜用的，根据跟班交接记录，3 月 17 日投料前曾清洗三个低温氯化釜，根据岗操规定，每釜需加入 200L 甲醇洗釜，三釜共用 600L 甲醇，而甲醇高位槽容量约为 1200L，在液位计 0 刻度下还有约 290L 的体积，正常情况下应该还有甲醇剩余，因为需要计量，至少不会将在 0 刻度以下的甲醇放掉的，高位槽内应有甲醇剩余。检查现场，甲醇高位槽内无甲醇，拆除与之相联的相关管线，只有少量残液滴落，与甲醇高位槽相关管线没有破损。这些甲醇有可能进入釜内。

如甲醇进入釜内，将与釜内物料发生剧烈反应，导致爆炸燃烧。

仅零刻度以下物料体积就有 290L。假设 290L 甲醇入釜与物料完全反应，不考虑放热，290L 甲醇反应能放出气体约（290×0.79×22.4/32）×2 = 320.74m³，而反应釜的容积为 3m³，加上反应本身能产生大量的热量，完全有可能导致反应釜爆炸，考虑有未反应的甲醇在爆炸发生后快速扩散到车间空间，而发生空间爆炸并燃烧，这点与现场情况相符。

爆炸时,反应釜上2块防爆膜已爆破,冲出的物料有可能进入到应急罐中。检查应急罐,发现有残液。如甲醇进入和釜内物料发生反应,这些残液中一定有反应的特征物 CH_3Cl 或未能反应的甲醇。基于此,对残液进行分析检测,发现有甲醇,含量为 28.6mg/L。正常情况下,氯化成盐试剂中不应含有甲醇。因此,可以认定甲醇高位槽内剩余的甲醇,进入到釜内。

3月30日下午进行了一次模拟试验,采用实验室合成的 500g 氯化成盐试剂和 50mL 甲醇,总体反应量为实际生产的 1/2000,甲醇加入后,瞬间产生大量酸雾,并释放出大量气体,玻璃瓶中物料温度急剧上升至沸腾。

通过以上综合分析,专家组认为,导致此次爆炸事故的直接原因是甲醇进入釜内与物料剧烈反应导致爆炸。

(2)间接原因

① 该生产工艺及流程设计本身存在缺陷,选择甲醇作为清洗剂存在较大危险,甲醇管道与 DMF 管道相邻并行,最后合并通过同一个阀门进釜,容易因误操作将甲醇引入反应釜,氯化成盐试剂与甲醇发生剧烈化学反应,工艺流程设计存在较大风险。

② 企业安全管理混乱,岗位人员配备不足。专业安全培训不够,岗位操作规程未向操作人员交底,操作人员对生产过程危险因素和环节认识不清,操作人员安全意识淡薄,误操作是造成此次事故的重要原因。

③ 物料替代名称混淆,易发生误操作。该公司从技术保密出发,将甲醇物料以 T14 代称,二甲基甲酰胺(DMF)物料以 T11 代称,容易混淆,发生误操作。

④ 企业变更管理缺失,在进行管线更改设计后,未进行风险识别和分析,DMF 管线、甲醇管线毗邻并联设计存在安全隐患,操作时工人易误操作。

1.7.3 建议及预防措施

① 对工艺过程及生产装置进行全面的安全性评估,建议对生产装置进行"危险与可操作性分析"(HAZOP),对工艺过程关键因素及环节进行危险性分析和识别,对工艺本身及工艺流程进行改进和优化。建议选择新的清洗剂替代甲醇,对工艺流程进行优化设计,降低人为误操作引发事故的风险。

② 提高装置的自动化控制水平,关键环节及操作过程设置联锁控制,减少人为误操作引发事故。

③ 加强企业的安全管理,完善安全操作规程。加强对管理人员及操作人员安全教育和培训,认清生产过程的主要危险因素和环节,提高直接作业人员风险识别能力及自我安全保护意识。

④ 加强变更管理,当生产工艺或工艺流程变更时,需要对生产装置及操作过程进行全面的安全性评估。

1.8 误操作导致瓦斯中毒事故

1999年12月10日,某厂厂调度处安排重油加氢车间对三常装置至重油加氢装置酸性瓦斯气线进行氮气吹扫贯通,准备将三常装置瓦斯气由第二催化装置改为去重油加氢低压脱硫装置处理的流程，作业过程中阀门操作错误，导致加氢裂化酸性瓦斯气倒窜至三常酸性瓦斯气线并从其甩头放空处泄出，发生瓦斯中毒事故，造成1人死亡。

1.8.1 基本情况及事故经过

1999年12月6日，重油加氢装置的低压脱硫单元开工正常并开始处理加氢裂化装置输送来的酸性瓦斯气，1999年12月10日9时许，厂调度处安排重油加氢车间对三常装置至重油加氢装置酸性瓦斯气线进行氮气吹扫贯通，准备将三常装置瓦斯气由第二催化装置改为去重油加氢低压脱硫装置处理的流程。14时30分，双方拆除该线盲板。14时35分，重油加氢车间开始用0.8MPa氮气对该线进行吹扫，并在三常装置一甩头（去新建加氢裂化的甩头）处放空。16时20分，重油加氢车间二班班长单某联系三常车间二班班长吕某询问氮气吹扫贯通情况，吕某告知酸性瓦斯气线已贯通，可以停氮气，之后重油加氢车间当班班长单某安排操作员于某关闭三常酸性瓦斯气线氮气扫线阀。于某到现场关闭酸性瓦斯气线氮气扫线阀后，在流程不熟悉和未经联系确认的情况下，错误地将三常酸性瓦斯气线阀门打开约三扣，因为这条跨线是这次停工改造才改动的，于某将阀门开三扣后不放心又开始检查流程，16时26分，三常车间酸性瓦斯气线甩头放空处突然噪声增大，当班副班长孙某即到现场查找原因，之后吕某也到现场确认噪声来源，同时看到孙某在管排上检查并挥手示意孙某赶快离开管排。吕某随即返回操作室给重油加氢车间单某打电话询问怎么改的流程，这时操作员赵某发现孙某躺在地上，随即告诉吕某。吕某放下电话后速派操作员戴上防毒面具到现场救人，并立即电话通知厂调度、气防站速来车救人。16时31分，操作员张某等人把孙某抬至稳定塔西侧做人工呼吸，几分钟后由在现场监火消防车将孙某送至医院进行抢救，就在三常车间组织事故抢救的同时，重油加氢车间单某也跑到低压脱硫单元现场找到于某，要求他重新检查改动的流程，16时35分，于某跑上平台上将三常酸性瓦斯气线阀门关闭，随后，三常酸性瓦斯气线甩头放空处噪声逐渐消失。

1.8.2 原因分析

（1）直接原因

重油加氢车间当班班长单某在布置工作时明确告诉于某去关闭氮气扫线阀，但于某在关闭氮气吹扫阀后，在流程不熟和未经任何联系确认的情况下，错误地进行了接收三常酸性瓦斯气的流程改动，打开了三常酸性瓦斯气线手阀，使加氢裂化酸性瓦斯气倒窜至三常酸性瓦斯气线并从其甩头放空处泄出。

（2）间接原因

① 重油加氢车间室内操作员谢某在接受班长要求对于某的操作进行监护的任务后，没有与于某一同到达具体的操作位置进行检查确认，没有尽到应有的监护责任。

② 三常装置在改扩建时，增设了11台硫化氢报警器和可燃气报警器，但因设计选型不当，变送器与DCS系统不匹配，这些安全仪器至今不能投入正常使用，没有实现安全措施与主体工程的"三同时"。当有毒气体泄漏时，没有起到应有的报警作用。

③ 死者虽有较高的工作责任心，但违背一般安全常识，在外泄物质不明和未采取任何安全措施的情况下，就登高检查，造成中毒后高空坠落死亡。

1.9 混二硝基苯装置在投料试车过程中发生重大爆炸事故

2015 年 8 月 31 日 23 时 18 分，山东某公司新建年产 2×10^4 t 改性型胶黏新材料联产项目二胺车间混二硝基苯装置在投料试车过程中发生重大爆炸事故，造成 13 人死亡，25 人受伤，直接经济损失 4326 万元。

1.9.1 基本情况

发生事故的硝化装置位于厂区中南部，布置在封闭厂房内，主体为二层钢混结构，主要设备包括：硝化机、硝化再分离器、预洗机、预洗再分离器等，其中，硝化机共 8 台，外形为立式盆盖底，公称容积 10m³。主要工艺流程：采用"苯连续硝化法"生产中间产品混二硝基苯。原料苯在硫酸为溶剂的条件下，与硝酸反应生成硝基苯；硝基苯进一步与硝酸反应生成混二硝基苯。其中，间二硝基苯 85%左右，邻二硝基苯 12%左右，对二硝基苯 3%左右。主要工序包括硝化、预洗、中和、尾气吸收和硝化物接收。

事故中受到破坏的储罐区位于硝化装置南侧，罐区内的储罐均为立式罐，从东到西依次为：中间产品混二硝基苯储罐，原料石油苯储罐 1 和石油苯储罐 2 以及用于硝化后续装置的甲醇储罐和醋酸丁酯储罐。事故发生时石油苯储罐 1 内约存有 670m³ 苯，其他为空罐。

事故涉及的主要危险物料有：苯、硝酸、硫酸、硝基苯、间二硝基苯、邻二硝基苯、对二硝基苯。

1.9.2 事故经过

2015 年 8 月 28 日，该公司硝化装置投料试车。28 日 15 时至 29 日 24 时，先后两次投料试车，均因硝化机控温系统不好、冷却水控制不稳定以及物料管道阀门控制不好，造成温度波动大，运行不稳定停车。

8 月 31 日 16 时 38 分左右，企业组织第三次投料。投料后，4#硝化机从 21 时 27 分至 22 时 25 分温度波动较大，最高达到 96℃（正常温度 60~70℃）；5#硝化机从 16 时 47 分至 22 时 25 分温度波动较大，最高达到 94.99℃（正常温度 60~80℃）。车间人员用工业水分别对 4#、5#硝化机上部外壳浇水降温，中控室调大了循环冷却水量。期间，硝化装置二层硝烟较大，在试车指导专家建议下再次进行了停车处理，并决定当晚不再开车。22 时 24 分停止投料，至 22 时 52 分，硝化机温度趋于平稳。

为防止硝化再分离器(X1102)中混二硝基苯凝固，车间人员在硝化装置二层用胶管插入硝化再分离器上部观察孔中，试图利用"虹吸"方式将混二硝基苯吸出，但未成功。之后，又到装置一层，将硝化再分离器下部物料放净管道(DN50)上的法兰（位置距离地面约 2.5m 高）拆开，此后装置二层的操作人员打开了位于装置二层的放净管道阀门，硝化再分离器中的物料自拆开的法兰口处泄出，先是有白烟冒出，继而变黄、变红、变棕红。见此情形，部分人员撤离了现场。

放料 2~3min 后，有一操作人员在硝化厂房的东北门外，看到预洗机与硝化再分离器中间部位出现直径 1m 左右的火焰，随即和其他 4 名操作人员一起跑到东北方向 100m 外。23时 18 分 05 秒硝化装置发生爆炸。

事故造成硝化装置殉爆，框架厂房彻底损毁，爆炸中心形成南北 14.5m、东西 18m、深 3.2m 的椭圆状锥形大坑。爆炸造成北侧苯二胺加氢装置倒塌；南侧甲类罐区带料苯储罐（苯罐内存量 582.9t，约 670m³，占总容积的 70.5%）爆炸破裂，苯、混二硝基苯空罐倾倒变形。爆炸后产生的冲击波，造成周边建构筑物的玻璃受到不同程度损坏。

1.9.3 原因分析

（1）直接原因

车间负责人违章指挥，安排操作人员违规向地面排放硝化再分离器内含有混二硝基苯的物料，混二硝基苯在硫酸、硝酸以及硝酸分解出的二氧化氮等强氧化剂存在的条件下，自高处排向一楼水泥地面，在冲击力作用下起火燃烧，火焰炙烤附近的硝化机、预洗机等设备，使其中含有二硝基苯的物料温度升高，引发爆炸，是造成本次事故发生的直接原因。

（2）间接原因

该公司安全生产法制观念和安全意识淡漠，无视国家法律，安全生产主体责任不落实，项目建设和试生产过程中，存在严重的违法违规行为。

① 违法建设。该公司在未取得土地、规划、住建、安监、消防、环保等相关部门审批手续之前，擅自开工建设；在环保、安监、住建等部门依法停止其建设行为后，逃避监管，不执行停止建设指令，擅自私自开工建设。

② 违规投料试车。未严格按照《化工装置安全试车工作规范》对事故装置进行"三查四定"，未组织试车方案审查和安全条件审查，未成立试车管理组织机构，违规边施工、边建设、边试车，试车厂区违规临时居住施工人员，未严格按照相关规定开展工艺设备及管道试压、吹扫、气密、单机试车、仪表调校等试车前准备工作。

③ 违章指挥。在工艺条件、安全生产条件不具备的情况下，该企业主要负责人擅自决定投料试车；分管负责人在首次试车装置运行温度等重要工艺指标不稳定的原因未查明、未采取有效措施解决的情况下，先后两次违规组织进行投料试车，严重违反《化工装置安全试车十个严禁》和《化工企业安全生产禁令》。

④ 强令冒险作业。在第三次投料试车紧急停车后，车间和工段负责人，违反相关规定，强令操作人员卸开硝化再分离器物料排净管道法兰，打开了放净阀，向地面排放含有混二硝基苯的物料。

⑤ 安全防护措施不落实。事故装置相关配套设施未建成，安全设施设备未全部投用，投用的安全设施设备未处于正常运行状态；未按照有关安全生产法律、法规、规章和国家标准、行业标准的规定，对建设项目安全设施进行检验、检测，安全设施不能满足危险化学品生产、储存的安全要求。

⑥ 安全管理混乱。安全生产管理机构及人员配备未达到《安全生产法》等法律法规要求，安全管理制度不健全，安全生产责任制不完善，从业人员未按照规定进行安全培训，未严格进行工艺、技术知识培训及相关模拟训练，没有按照要求编制规范的工艺操作法和安全操作规程，没有符合要求的操作运行记录和交接班记录。

1.9.4 建议及防范措施

（1）进一步加强化工企业安全生产基础工作

化工企业要严禁违章指挥和强令他人冒险作业，严禁违章作业、违反劳动纪律。要装备自动控制系统，对重要工艺参数进行实时监控预警，采用在线安全监控、自动检测或人工分析数据等手段，及时判断发生异常工况的根源，评估可能产生的后果，制定安全处置方案，避免因处理不当造成事故。

（2）进一步落实企业安全生产主体责任

化工企业要建立完善"横向到边、纵向到底"安全生产责任体系，切实把安全生产责任落实到生产经营的每个环节、每个岗位和每名员工，真正做到安全责任到位、安全投入到位、安全培训到位、安全管理到位、应急救援到位。企业主要负责人要对落实本单位安全生产主体责任全面负责。

1.10 投料试车盲目升温引发氯化反应塔爆炸事故

2006年7月28日8时45分，江苏某公司1号厂房（2400m²，钢框架结构）发生一起爆炸事故，死亡22人，受伤29人，其中3人重伤。图1.4为爆炸事故现场。

图1.4　爆炸事故现场

1.10.1 基本情况及事故经过

1号生产厂房由硝化工段、氟化工段和氯化工段三部分组成。硝化工段是在原料氟苯中加入混酸二次硝化生成2,4-二硝基氟苯；氟化工段是在外购的2,4-二硝基氯苯原料中加入氟化钾，置换反应生成2,4-二硝基氟苯；氯化工段是在氯化反应塔中加入上述两个工段生产的2,4-二硝基氟苯，在一定温度下通入氯气反应生成最终产品2,4-二氯氟苯。

2006年7月27日15时10分，该公司1号生产厂房首次向氯化反应塔塔釜投料。

17时20分通入导热油加热升温；19时10分，塔釜温度上升到130℃，此时开始向氯化反应塔塔釜通氯气；20时15分，操作工发现氯化反应塔塔顶冷凝器没有冷却水，于是停止向釜内通氯气，关闭导热油阀门。28日4时20分，在冷凝器仍然没有冷却水的情况下，又开始通氯气，并开导热油阀门继续加热升温；7时，停止加热；8时，塔釜温度为220℃，塔顶温度为43℃；8时40分，氯化反应塔发生爆炸。据估算，氯化反应塔物料的爆炸当量相当于406kg TNT，爆炸半径约为30m，造成1号厂房全部倒塌。

1.10.2 原因分析

（1）直接原因

在氯化反应塔冷凝器无冷却水、塔顶没有产品流出的情况下没有立即停车，而是错误地继续加热升温，使物料(2,4-二硝基氟苯)长时间处于高温状态并最终导致其分解爆炸。

（2）间接原因

该项目没有执行安全生产相关法律法规，在新建企业未经设立批准(当时正在后补设立批准手续)、生产工艺未经科学论证、建设项目未经设计审查和安全验收的情况下，擅自低标准进行项目建设并组织试生产，而且违法试生产5个月后仍未取得项目设立批准。

该企业违章指挥，违规操作，现场管理混乱，边施工、边试生产，埋下了事故隐患。现场人员过多，也是扩大人员伤亡的重要原因。

1.10.3 建议及防范措施

切实落实企业安全生产主体责任，深入开展中小化工企业的安全标准化活动。各类危险化学品生产企业要自觉遵守国家法律法规，保证安全投入，认真排查隐患并及时整改。加强对开停车、检维修和新产品试生产的安全技术管理，制定并严格实施科学的作业方案和规程，加强人员培训，确保安全生产。

1.11 新产品中试时发生反应釜爆炸事故

2004年12月26日，江苏某公司生产车间一台1500L的反应釜正在进行化学品试验生产时，发生反应釜爆炸事故，导致3人死亡。

1.11.1 基本情况及事故经过

2004年12月26日，该公司生产车间一台1500L的反应釜正在进行化学品试验生产，上午9时30分许，车间负责人兼反应釜操作工安排人员往反应釜内加入亚磷酸，约12时反应釜开始升温，炉内温度升至120℃时开始滴加乙酸酐，13时30分许，反应釜突然发生爆炸，浓烟滚滚，车间的玻璃全被震碎，灰尘和化学品微粒弥漫了整个厂区，发出难闻的气味。车间门口倒下两名衣着所剩无几的女工，车间里，一工人半侧身倒在车间门角边不能动弹，身上衣服基本被烧光。随后，警车、救护车、消防车先后到来，3名受伤员工先后被送往医院，经医生多方抢救无效，3人先后死亡。

所谓中试，就是在生产车间进实验生产，但只投半炉料，试验如果成功，证明生产工艺成熟，就可以投满料批量生产。

1.11.2　原因分析

① 人为的不安全行为。该厂试验人员和操作工未掌握 HEDP 的生产工艺及相应的事故应急处理预案，盲目蛮干，自定操作参数和操作条件进行中试生产，造成釜内气相物质和体积不稳定，从而产生大量气体从气相管道快速排出，气体流速加快，产生静电火花而引发事故。

② 试验设备处于不安全状态。HEDP 中试装置采用的是搪瓷玻璃反应釜和聚丙烯管道，整个装置未配静电导除设施。当釜内气相中酸乙酐及其热分解物及空气组成的混合气体达到爆炸极限范围，而在操作条件波动时产生的气体量迅速增加，通过取聚丙烯管道时产生静电，静电积聚后产生静电火花，引爆混合气体，导致事故发生，而反应釜应未安装防静电装置。

③ HEDP 产品在生产装置上进行中试未经专家进行安全论证或评价，没请有资质单位设计施工，缺乏详细的试产方案及完整的安全操作规程和事故应急预案。

④ 公司对员工的安全教育、培训不到位，现场安全管理不到位。公司上到经理，下到操作工对化工反应操作专业知识掌握不够，对 HEDP 产品化学反应特性和中试原料理化特性缺乏认识。

⑤ 特种设备的使用未根据相关规定到相关管理部门申报备案，检验合格后领取"特种设备使用登记证"。

1.11.3　建议及防范措施

针对该起事故，应当吸取深刻的教训并采取切实的防范措施，避免类似事故的再次发生。

① 企业中试装置应当请有资质单位设计施工，特种设备的使用应取得"特种设备使用登记证"。

② 在试验化工原料的反应釜内混合气体很可能产生静电，反应釜应当安装防静电装置，并且由质量技术监督局检测，出具防静电检测报告书。

③ 新产品的试验存在一定的危险性。为了降低危险程度，应当尽量采用自控系统，配备必要的保护装置，要加强工艺、设备管理，提高本质安全水平。对采取危险工艺手动控制的装置，必须实现工艺控制的自动化，并制定紧急停车措施，确保装置出现异常时不引发人身伤亡事故。

④ 建立健全企业安全生产责任制，落实各项安全管理制度和操作规程，认真开展反"三违"活动，对有章不循、违章指挥和违章作业的，要严查、严处、严罚。

⑤ 加强安全生产管理，减少试验装置旁的人员，防止发生意外，对人员进行安全培训，严格按规程操作，制定事故应急预案，并进行演练。

1.12　试生产疏堵时发生泄漏中毒事故

2013 年 3 月 29 日，某公司在排除二硫化碳冷凝管道堵塞故障中发生中毒窒息事故，造成 3 人死亡、2 人轻伤，直接经济损失约 200 万元。

1.12.1 基本情况

该公司 2006 年 6 月 29 日取得《安全生产许可证》。经营范围为：木炭、二硫化碳生产销售。现有员工 21 人，设计 5000t/a 二硫化碳。该公司新建 5000t/a 二硫化碳项目按照规定组织专家对试生产方案进行评审，专家组对试生产方案提出了审查意见。但该公司未按照规定向县、市两级安全监管部门履行试生产方案备案手续，所在县安全监管局也未同意该公司进行试生产。

1.12.2 事故经过

该公司共有南北纵向布置呈一字形的两条二硫化碳生产线。2013 年 3 月 29 日上午试生产过程中，北炉(北部生产线)自南向北第 3 个脱硫器至二硫化碳冷却器之间的管道发生堵塞。8 时左右，当班炉火工孙某爬上冷却水池池壁(距地面约 1.6m 高，水深约 2m)，打开堵塞管道疏通口泥土封堵对管道进行疏通作业，管道中逸出的有毒气体致使孙某中毒昏厥后掉入冷却水池中，技术员张某、炉火工朱某发现孙某落水后，在呼叫救人的同时，未采取任何安全防护措施上前施救。朱某中毒昏厥，掉入冷却水池前面的二次脱硫小冷却池中，张某感觉存在有毒气体后顺冷却水池边沿跑出，中毒昏厥在冷却水池北边道路上，后自我苏醒。加磺工江某发现三人中毒后呼唤救人。当时，在办公室的经理张某与正在卸煤的筛碳工郭某、姚某听到呼叫后，也先后赶到现场救援。张某、郭某、姚某前去施救时，同样未采取任何安全防护措施，均中毒昏厥。郭某、张某掉入小冷却水池中，姚某摔倒在加磺操作通道上，昏沉中自行爬出，二次昏厥在水池北边道路上。闻讯赶来救援的任某等人将张某从水池中拉出，并将张某、姚某立即送往医院抢救。

1.12.3 原因分析

(1) 直接原因

炉火工孙某在发现管道堵塞后，没有及时向厂方报告，在未采取任何防范措施的情况下，擅自打开运行中的有毒气体管道疏通口泥土封堵，对堵塞管道进行疏通作业，造成硫化氢、二硫化碳气体大量泄漏，吸入有毒气体后中毒昏厥跌落水池中，是事故发生的直接原因；朱某、郭某、张某、姚某未采取任何防护措施，盲目施救，先后中毒昏厥，致使事故扩大。

(2) 间接原因

该公司未履行备案手续，非法组织生产。职工安全意识差，缺乏最基本的专业知识和自我保护能力。

1.12.4 建议及防范措施

从事危险化学品的企业要切实落实企业安全生产主体责任，坚决杜绝未批先建，无证生产经营行为。要切实加强从业人员的安全培训教育工作，不断提高从业人员安全意识和自我防护和自救能力。

1.13 脱砷精制磷酸试生产中发生硫化氢中毒事故

2008 年 6 月 12 日 19 时 40 分, 云南某公司在脱砷精制磷酸试生产过程中发生硫化氢中毒事故, 造成 6 人死亡、29 人中毒。

1.13.1 基本情况及事故经过

该公司 2007 年 1 月取得危险化学品生产企业安全生产许可证。主要产品为过磷酸钙, 生产能力 $10 \times 10^4 t/a$。

2008 年 6 月初, 该公司因市场原因, 经过实验室试验后, 决定自行将过磷酸钙生产装置改为饲料磷酸氢钙生产装置, 自行设计、自行安装、改造设备, 进行试生产。生产磷酸氢钙首先要对磷酸进行脱砷精制, 其工艺过程是用硫化钠溶液与磷酸中的砷反应, 生成硫化砷, 经沉淀脱水去除, 生成精制磷酸。脱砷精制磷酸过程伴有硫化氢气体产生。

6 月 12 日 18 时 30 分, 操作人员在硫化钠水溶液配置槽配置硫化钠水溶液后, 打开底部阀门, 向磷酸槽加入硫化钠水溶液。19 时 30 分, 操作人员在调节阀门时, 发现该阀门不能关闭, 由于没有采取应急措施, 硫化钠水溶液持续流入磷酸槽, 使磷酸槽中的硫化钠大大过量, 产生的大量硫化氢气体从未封闭的磷酸槽上部逸出, 导致部分现场作业人员和赶来救援的人员先后中毒, 造成 6 人死亡、29 人不同程度中毒(其中 2 人伤势较重)。

1.13.2 原因分析

(1) 直接原因

脱砷精制工艺设计存在缺陷, 硫化钠水溶液配置槽出口管道没有配置能够自动显示和控制硫化钠水溶液流量的装置, 只能靠作业人员观察液位下降的速度, 通过手动调节阀门来控制硫化钠水溶液的流量, 由于这个阀门失控, 导致硫化钠水溶液配置槽中的硫化钠水溶液全部流入磷酸槽, 产生大量硫化氢, 是这起事故的直接原因。

(2) 间接原因

磷酸槽顶未封闭, 没有配备有害气体收集处理设施和检测(报警)仪器; 向磷酸槽加入硫化钠水溶液的管口安装在磷酸槽液面的上部, 致使反应产生的硫化氢气体迅速在空气中扩散, 是这起事故的间接原因。

该公司在安全管理上存在诸多问题:

① 该公司改建项目在没有正规设计、未经安全许可、没有安全设施的情况下, 自行组织设备制作、施工和安装, 属非法建设项目。

② 该公司直接将实验工艺用于工业生产, 对伴有硫化氢气体产生的危险工艺在没有进行安全论证的情况下直接建成化工装置并组织试生产。试生产过程安全管理混乱, 在没有完成全部设备安装、没有制定周密试车方案的情况下, 边施工、边组织试生产。没有对试生产过程中可能产生的危险因素进行辨识, 没有任何安全措施, 没有应急预案, 贸然组织试生产, 导致事故发生。

③ 该公司现场操作人员安全意识差, 缺乏对工艺技术危险性的认识和应急救援相关知

识，在阀门失控后，没有采取应急措施。救援人员在施救过程中，未采取防范措施，盲目施救，导致伤亡进一步扩大。

1.13.3　建议及防范措施

① 切实加强对危险化学品建设项目安全监管。新建、改建和扩建危险化学品建设项目要严格执行设立安全审查、安全设施设计审查、安全设施竣工验收和试生产（使用）方案备案等制度。危险化学品建设项目必须要经过有资质的设计单位设计。要加强危险化学品建设项目试生产过程中的安全监管工作。

② 各级安全监管部门要严格危险化学品建设项目"三同时"管理，严把项目安全准入关。化工企业要针对工艺特点，对试生产过程中可能产生的危险进行风险辨识和分析，制定应急预案，严禁将"实验室"工艺未经安全论证，直接放大用于工业生产。要加强对岗位操作人员的安全意识、防范事故能力和应急处置能力的培训，确保安全生产。

③ 深化危险化学品和化工企业隐患排查治理工作，及时消除安全生产隐患。各地安全监管部门要加强对使用危险工艺的企业、发生伤亡事故的企业、安全距离存在问题的企业、基础条件差和规模小的生产经营企业的日常监管。

④ 深刻吸取事故教训，避免硫化氢中毒事故的发生。各级安全监管部门要加强对可能产生硫化氢等有毒有害气体场所生产经营单位的安全监管。企业应当对本单位产生和容易积存硫化氢的装置、设备、设施和重点部位以及其他产生有毒有害气体的危险作业场所进行全面普查和风险辨识；建立和完善防中毒、防窒息的安全管理制度，配备相应的安全防护器材，建立作业前的中毒和窒息危害辨识制度，开展科学施救的应急演练。

1.14　隐患未改致高压气体回流管线破裂引发爆炸事故

2014 年 1 月 18 日 14 时 18 分，吉林某公司甲醇合成系统甲醇工段水洗岗位供水泵房发生爆炸，造成 3 人死亡、5 人受伤，直接经济损失 255 万元。

1.14.1　基本情况

此次事故发生的具体地点是甲醇合成系统甲醇工段水洗岗位的供水泵房。在企业整个生产系统中，甲醇合成系统是附属净化系统，主要功用是通过联醇生产工艺去除原料气体中的 CO、CO_2 成分。充分利用原料气体中的 CO、CO_2、H_2 在合成装置内反应产生副产品甲醇，在节能降耗的同时，可达到净化原料气，为净化工段（铜洗工段）减轻负荷的功效。

甲醇合成系统工艺流程：原料气经五段压缩后，进入甲醇合成塔进行反应（CO、CO_2 和 H_2 反应生成甲醇和水），反应生成的工艺气体进入甲醇分离器；在分离器内，甲醇液排至闪蒸槽，被送至甲醇精馏岗位，而反应后的工艺气体则进入净醇塔；在净醇塔内，通过软水洗涤回收残存在工艺气体中的少量甲醇蒸气，洗涤后的工艺气体进入下一净化工段（铜洗工段），经铜洗精炼后的工艺气体进入氨合成系统。

正常运行时，柱塞泵将稀醇罐内软水加压送到净醇塔内，吸收原料气中的甲醇成分形成稀醇液，稀醇液在净醇塔底部被收集并保持一定的液位，在净醇塔内气体压力（12 MPa）作

27

用下，由排液管道阀门组控制，使其受控回流到稀醇罐，形成闭合循环回路。分析工定时分析稀醇罐内软水内甲醇浓度，浓度超过30%时，由操作工打开精醇外送阀门送精醇系统(去精醇工段再加工回收利用)，并关闭回流阀，同期进行稀醇罐内补软水操作。为保障安全，在甲醇系统1995年投运后，水洗岗位人员就按现场操作规程进行现场操控。同时，公司巡检制度规定甲醇岗每小时对分管区域巡视一次；公司交接班制度规定，岗位上下班和替班作业必须当面交接班，对岗位存在隐患不处理完，上班操作人员不准交班，下一班操作人员不准接班，直至将隐患处理结束才准接班。

稀醇回收作业单元正常运行时，供、回水管路处于闭环运行状态，工作介质循环使用，精醇外送阀门处于关闭状态，只有浓度达到或超过30%时，才同期打开精醇外送阀门和补水阀门，关闭回流阀门(注：精醇外送阀门的功用：在塔内的高压作用下，将净醇塔内的高浓度稀醇液通过管道输送到精醇罐)。事故发生后现场勘验检查时，稀醇回收作业单元所有输液管线和在用设备(除回液管在稀醇罐上盖处断裂外)均未发现泄漏痕迹；经专家组现场试验，回流阀门、精醇外送阀门开关灵活、密封性能良好。经调查核实，事故发生后，合成车间主任陈本茂紧急关闭回流管总阀、支阀时，发现去精醇工段的精醇外送阀门处于微开状态，回流阀门处于开启状态。

1.14.2 事故经过

2014年1月18日8时，丁班甲醇岗位鲁某和杨某接班后，经车间化验员刘某化验分析稀醇浓度为43.8%，鲁某进行了放醇作业，大约20min稀醇罐液位放到规定位置，关闭去精醇阀门，对稀醇罐进行补液，操作完成后，进入正常循环。10时，化验分析稀醇浓度为21.7%，不用放醇。12时，稀醇浓度经化验达到了40.5%，鲁某按操作程序进行了20min左右的放醇和补液工作。1月18日下午，甲醇岗位主操工鲁某临时有事请假，经车间主任批准后，由姜某(甲班主操工)替班。13时41分，在车间段长李某的安排下，鲁某和铜洗岗位的张某离岗去公司仓库领料，13时58分返回车间。13时53分，姜某到达车间门口。14时，化验分析稀醇浓度为20.3%，不用放醇。14时5分，接替鲁某的姜某来到甲醇操作室，此时副操工杨某在本操作室监视电脑数据。14时15分，姜某、杨某听见甲醇水洗供水泵房有冒气声音，主操工姜某立即向供水泵房跑去，副操工杨某以为是闪蒸槽上方放空阀响声，通过查看电脑数据，确认闪蒸槽压力正常后，也向供水泵房方向跑去，在跑到车间门口时，想到"副线"(输送冷空气的调节阀)没关，就返回操作室，在刚要关"副线"的一瞬间，供水泵房内发生爆炸。14时15分，铜洗岗位主操工张某(距甲醇岗位约50m)听到有冒气声音后，立即往供水泵方向跑去。同时，在电气维修车间进行安全检查的孙某、滕某，在调度室开会的王某、林某、杨某、陈某、徐某等人都听到了甲醇水洗泵房有冒气声音，分别跑向甲醇水洗供水泵房查看，刚到泵房外面发生爆炸。

1.14.3 原因分析

(1) 直接原因

操作人员打开净醇塔底部去精醇2段阀门后，未同时开启稀醇罐的补水阀门，导致净醇塔底部稀醇液位在控制线以下，导致净醇塔内稀醇液低位运行。替班操作工接班后没有对现场进行巡视，未发现净醇塔底部稀醇液位低于300mm控制线，直至净醇塔内液体排空，导致高压工艺气体回流到稀醇罐，高压气体造成常压设备稀醇罐罐顶破裂，并造成回流管线断裂，致使大量可燃混合气体(以 H_2 为主，H_2 爆炸极限为 4.1% ~ 75%)迅速充满供水泵房，并达到爆炸极限，由于高压工艺气体释放时与回流管管口磨擦产生静电，引燃混合气体发生爆炸。

（2）间接原因

① 企业对长期存在的安全隐患未进行彻底整改。1995 年企业改造时将净醇塔液位计安装在塔底部出液管线上，造成去精醇阀门打开时，无法正确显示净醇塔液位，造成补液、排液时液位都不准确，且自动控制阀自设备运行使用后一直未投入使用，无法实现液位与阀门的联锁控制和液位报警。虽然企业制定了相应操作规程，但未从根本上消除安全隐患。

② 企业对交接(替)班和巡视制度落实不到位。在实际执行中，岗位操作人员未认真执行公司制定的交接(替)班和巡视制度，未做到不交接(替)班不准接班，接班后必须进行现场巡视的规定。

③ 企业对水洗岗位操作规程未认真执行和落实，岗位操作人员对公司制定的水洗岗位操作规程落实不到位。

④ 企业相关人员安全意识淡薄，曾发生过窜气现象，只是未引发事故，未引起企业重视，未采取有效措施对存在的隐患进行整改。

1.14.4 建议及防范措施

① 聘请有资质的中介机构或专家对所有在用设备、安全附件进行一次全面彻底的安全大检查，认真细致的排查，全面彻底整改安全隐患；对照工业和信息化部《部分工业行业淘汰落后生产工艺装备和产品指导目录》，对不符合化工安全标准的工艺和在用设备予以淘汰，在规定时限内达到安全生产标准化标准。

② 进一步完善各项安全生产规章制度、岗位操作规程和相关部位的应急救援预案，加强对岗位操作人员的安全培训教育，让每位操作人员都能熟练掌握本岗位的操作技能和事故应急处置能力。

③ 严格按规定的程序和标准组织、落实事故防范和整改措施。

1.15 管道焊口隐患导致爆炸着火事故

2015 年 4 月 6 日 18 时 56 分，漳州某公司二甲苯装置发生爆炸着火重大事故，造成 6 人受伤(其中 5 人被冲击波震碎的玻璃刮伤)，另有 13 名周边群众陆续到医院检查留院观察，直接经济损失 9457 万元。

1.15.1 基本情况及事故经过

该公司试生产时间为 2014 年 11 月 10 日至 2015 年 11 月 9 日。但企业实际上按对二甲苯 $160 \times 10^4 t/a$ 进行设计、建设和试生产，没有按政府核准的规模和经安全设施设计审查的方案进行施工，违反规定超核准规模建设、试生产。

2015 年 4 月 6 日 18 时 56 分，该公司二甲苯装置在停产检修后开车时，二甲苯装置加热炉区域发生爆炸着火事故，导致二甲苯装置西侧约 67.5m 外的 607 号、608 号重石脑油储罐和 609 号、610 号轻重整液储罐爆裂燃烧。4 月 7 日 16 时 40 分, 607 号、608 号、610 号储罐明火全部被扑灭; 之后, 610 号储罐于 4 月 7 日 19 时 45 分和 4 月 8 日 2 时 9 分两次复燃, 均被扑灭; 607 储罐于 4 月 8 日 2 时 9 分复燃, 4 月 8 日 20 时 45 分被扑灭; 609 号储罐于 4 月 8 日 11 时 5 分起火燃烧, 4 月 9 日 2 时 57 分被扑灭。

1.15.2 原因分析

（1）直接原因

在二甲苯装置开工引料操作过程中出现压力和流量波动, 引发液击, 存在焊接质量问题的管道焊口作为最薄弱处断裂。管线开裂泄漏出的物料扩散后被鼓风机吸入风道, 经空气预热器后进入炉膛, 被炉膛内高温引爆, 此爆炸力量以及空间中泄漏物料形成的爆炸性混合物的爆炸力量撞裂储罐, 爆炸火焰引燃罐内物料, 造成爆炸着火事故。

（2）间接原因

① 该公司安全观念淡薄, 安全生产主体责任不落实。重效益、轻安全。拒不执行省安监局下发的停产指令, 违规试生产; 超批准范围建设与试生产。

② 工程建设质量管理不到位。未落实施工过程安全管理责任, 对施工过程中的分包、无证监理、无证检测等现象均未发现; 工艺管道存在焊接缺陷, 留下重大事故隐患。

③ 工艺安全管理不到位。一是二甲苯单元工艺操作规程不完善, 未根据实际情况及时修订, 操作人员工艺操作不当产生液击。二是工艺联锁、报警管理制度不落实, 解除工艺联锁未办理报批手续。三是试生产期间, 事故装置长时间处于高负荷甚至超负荷状态运行。

④ 施工单位违反合同规定, 未经业主同意, 将项目分包给另一公司, 质量保证体系没有效运行, 质检员对管道焊接质量把关不严, 存在管道未焊透等问题。

⑤ 分包商施工管理不到位, 施工现场专业工程师无证上岗, 对焊接质量把关不严; 焊工班长对焊工管理不严; 焊工未严格按要求施焊, 未进行氩弧焊打底, 焊口未焊透、未熔合, 焊接质量差, 埋下事故隐患。

⑥ 监理公司未认真履行监理职责, 内部管理混乱, 招收的监理工程师不具备从业资格, 对施工单位分包、管道焊接质量和无损检测等把关不严。

⑦ 检测公司未认真履行检测机构的职责, 管理混乱, 招收 12 名无证检测人员从事芳烃装置检测工作, 事故管道检测人员无证上岗, 检测结果与此次事故调查中复测数据不符, 涉嫌造假。

1.15.3 建议及防范措施

（1）切实落实企业主体责任, 全面开展隐患排查治理

各生产经营单位必须切实坚持安全第一, 牢固树立安全发展理念, 认真履行安全生产主体责任, 加大安全投入, 确保设备设施完好有效、稳定运行。要建立健全隐患排查治理制度, 落实企业主要负责人的隐患排查治理第一责任, 实行谁检查、谁签字、谁负责, 做到不打折扣、不留死角、不走过场。正视企业自身存在的问题, 正确处理好经济效益与生产安全的关系, 严格遵守国家法律法规, 从项目报批、工程设计、建设施工、员工培训、作业现场、隐患排查等各个环节, 狠抓管理, 确保安全。要营造企业安全文化氛围, 尊重员工的劳动积极性和创造性, 增强员工的凝聚力和归宿感, 使企业管理层和员工形成一个团结奋进的整体。当前和今后一段时期, 必须着重做好以下工作:

① 过火及受冲击波影响的装置区、罐区的处理和重建，应制订详细的实施方案并请专家评审合格后实施；需继续使用的设备、管道等应委托专业机构评估，确认合格后才能继续使用。

② 全面校核排查所有材料材质，重点是采购与设计是否相符，特别是低价中标的材料，需由供应商确认，彻底排除材质问题。复核所有管线的设计和交工资料，对资料与现场不符的要全面审核、检测、整改，确认合格后更新交工资料，做到资料与现场相符；目前相符的也应与施工单位一起制定合理的检查确认方案，彻底排除施工质量隐患，确保风险可控。

③ 全面疏理振动管道，严重振动的管道应立即整改。开车过程经常发生振动的管道，应从工艺操作、加固减振上采取措施，优化配管。

④ 请相关专家重新进行装置安全仪表系统完整性等级评估，杜绝高配置低执行现象，生产期间应保证正常投用；强化工艺联锁管理，SIS 联锁旁路处理应办理相关报批手续，并采取安全保护措施。

⑤ 结合企业实际，全面清理、修订管理制度，并请专家评审；强化制度执行情况的监督检查。

⑥ 按照现场实际情况全面修订操作规程，对高风险操作进行辨识并完善处置措施，请专家评审后执行。

⑦ 加强操作员岗位培训，制定详细的培训计划和培训目标，培训、考核合格后方可持证上岗。

⑧ 科学安排生产计划，防止装置长时间高负荷、超负荷运行。

（2）推动修订有关规范，提高设防标准

事故暴露出 GB 50160—2008《石油化工企业设计防火规范》（以下简称"石化规"）存在整体设防标准低、一些消防安全内容缺项、只考虑防火未考虑防爆等突出问题，不能满足大型石油化工企业设计的需要。如：芳烃联合装置规模大、吸附分离单元内滞留介质多、造成厂区危险等级高，防控难度大。事故发生后，加热炉与中间罐区（Ⅱ）罐壁的距离为 67.5m，符合石化规的防火间距要求，但加热炉发生爆炸产生的火球直接扩展到中间罐区（Ⅱ），危险化学品生产装置区与储罐区之间、储罐区与储罐区之间相互影响，险象环生。罐区固定式消防设施的控制电源来自罐区变电站。吸附分离装置发生爆炸事故后，二回路电源虽满足石化规同廊不同架的要求，但爆炸仍致敷设在同一管廊上的由变电所到罐区变电站的二回路电缆同时损坏，造成罐区泡沫站远程控制功能失效。石化规允许罐区泡沫灭火系统与消火栓、炮共用给水管网，但当消火栓、炮大量用水及部分消火栓损坏漏水时，给水压力不能满足泡沫灭火系统工作要求，泡沫灭火系统无法现场手动启动。为此，建议有关单位积极推动上级相关部门，尽快修订石化规，以提高设防标准，增强设计的科学性和合理性。

1.16 反应釜失温喷料引发爆炸火灾事故

2011 年 10 月 16 日上午 9 时 25 分许，浙江某公司制胶车间 2#反应釜因温度失控，造成釜内压力增高，物料爆沸冲开加料孔盖，甲醇蒸气与空气混合形成爆炸性混合气体，发生爆炸燃烧事故，事故造成 3 人死亡，3 人受伤。

1.16.1　基本情况

制胶车间长17m，宽15.24m，面积约259m²。车间分两层，二楼为反应釜操作平台。生产装置主要由反应釜、甲醇计量槽、甲醛计量槽、收集槽、缓冲槽、冷凝器及连接管路等构成。该车间共安装有8个反应釜，每个反应釜可单独进行生产制胶。其中，车间西侧有4个反应釜（自北向南编号），1#、2#反应釜容积为5000L，3#、4#反应釜容积为2000L。车间南侧中部安装2个反应釜，5#反应釜容积为500L，6#反应釜容积为1000L。车间东侧安装有两个新反应釜，反应釜容积为10000L，尚未投入使用。甲醇计量槽、甲醛计量槽、收集槽、缓冲槽、冷凝器等安装于车间楼顶平台，通过管道与反应釜连接。目前，主要用1#、2#反应釜生产，两个反应釜交替进行生产，以确保上胶车间生产用料。10月16日，只有2#反应釜在生产，生产过程中发生喷料引发事故。

原料仓库紧邻制胶车间，设在同一建筑内，之间用砖墙分隔。原料仓库长27m，宽15.24m，面积约410m²。仓库东南侧安装有2个甲醇储罐（每个容积约25m³），1个甲醛储罐（事故中已烧毁），并用砖墙进行围隔。仓库内储存有甲醇、甲醛、苯酚、环氧树脂、高溴环氧树脂、丙酮、甲苯等危险化学品。

制胶车间分为酚醛树脂合成和配胶两个工序，其工艺简述如下：

合成工序：①开搅拌机，加环氧大豆油640kg、腰果酚160kg、双酚A520kg、咪唑8kg；②升温至（170±5）℃，保温搅拌3h，通冷水冷却降温至室温；③加苯酚576kg、甲醛774kg、三乙胺31kg、氨水40kg，进行聚合反应并升温至（100±5）℃；④反应结束进行检测胶化时间，检测合格后抽真空脱水；⑤再检测胶化时间，合格，通水降温至60℃以下，加入甲醇1760kg，搅拌30min，检测合格后第一道工序结束。

配胶工序：①在原釜内，开搅拌机，加磷酸三苯脂300kg、阻燃剂191kg、环氧树脂330kg、高溴环氧树脂189kg、三聚氰胺胶470kg；②加温至回流（60±5）℃，保温2h；③加甲醇300kg，搅拌；④配制成改性酚醛树脂（列入《危险化学品目录》，为含一级易燃溶剂的合成树脂），检测合格放料至储槽，供上胶车间使用。

1.16.2　事故经过

2011年10月15日，制胶车间在2#反应釜完成树脂合成备用。10月16日7时30分左右，车间员工吴某、金某、金某某、鲁某来到车间开始作业，金某某在一楼拉运环氧树脂、高溴环氧树脂、阻燃剂、三聚氰胺胶等配料并抽入2#釜，其他三人到二楼平台作业。7时45分吴某将物料磷酸三苯脂吊至二楼2#釜外侧通道上。7时54分鲁某打开2#釜投料孔孔盖，鲁某、吴某二人向釜内加料。8时2分加料完毕，鲁某关闭2#釜投料孔孔盖，并开始通汽加温。8时17分鲁某到5#反应釜加甲醛，并到仓库领三聚氰胺、片碱等物料。8时31分鲁某将物料运到5#釜外侧通道。8时36分吴某观察2#釜回流情况，关闭蒸汽阀门，停止加温，8时46分鲁某打开3#釜投料孔孔盖，加入磷酸三苯脂。8时49分3#釜加料完毕，鲁某关闭3#釜投料孔孔盖。9时18分车间主任到二楼作业平台查看并交待工作，接着走进休息室。9时23分金某走到3#釜前，用扳手拧紧投料孔孔盖压紧螺杆。此时，吴某走到2#釜投料孔处，发现2#釜投料孔盖有异常，便到3#釜取扳手，将2#釜投料孔孔盖压紧螺杆拧紧。9时24分吴某将扳手放回 3# 釜，吴某返回到 2# 釜加料孔处时，2# 釜加料孔突然喷出大量棕黄色胶液，直接喷到吴某身上，吴某闪了一下身快速跑进休息室。9 时 25 分车间内发生爆炸，监控录像中断。

1.16.3 原因分析

（1）直接原因

反应釜内物料含有大量甲醇，甲醇的沸点为 64.8℃。由于反应釜自动化控制水平低，用于反应体系温度控制的蒸汽阀门开度无法调节，升温速率难以控制，造成反应釜内温度超过甲醇沸点，物料爆沸冲开加料孔盖(2# 反应釜加料孔盖设计存在缺陷，紧固杠杆加焊一钢条，钢条扣环处无凹槽，扣环容易滑脱)，甲醇蒸气与空气混合形成爆炸性混合气体。

制胶车间电气设备未采用防爆设施，反应釜搅拌电机、照明、配电箱、电气线路均不防爆，电气设备运行中极易产生火花，引爆泄漏出来的爆炸性混合气体。

制胶车间厂房与原料仓库设置在同一建筑内，无有效的防火防爆分隔，仓库内设有 2 个甲醇储罐，并储存大量桶装甲醇、环氧树脂等危险化学品。制胶车间发生爆炸，引燃仓库内甲醇储罐及物料桶发生燃烧、爆炸。

（2）间接原因

① 生产装置未经有资质单位设计、安装，总图布置、防火分区设置不符合规范要求，未采用防爆设施，未设置逃生通道。

② 企业安全生产主体责任未落实，安全管理混乱，安全管理规章制度、安全生产操作规程不落实，习惯性违规操作现象严重。

③ 企业主要负责人及其他安全管理人员均未参加安全管理人员资格培训，不具备与本单位所从事的生产经营活动相应的安全生产知识和管理能力。未按规定对员工安全教育培训，员工不清楚作业场所和工作岗位存在的危险因素、防范措施以及事故应急措施，致使员工应急处置不当，未及时撤离危险场所，造成多人伤亡。

④ 该企业未依法履行安全生产法定职责。未经许可生产使用危险化学品；生产装置安全设施不符合国家规定，建筑工程设计未报消防审核，承压设备未按规定报批，擅自投入生产使用；对安全监管部门执法检查中整改指令未按要求落实整改。

1.16.4 建议及防范措施

① 认真落实安全生产责任制，建立健全企业各种安全规章制度，完善各项作业安全操作规程，加强各级安全监管和监督。

② 建议企业开展重大危险源及危险作业环节识别和分析，对工艺过程及生产装置进行全面的安全性评估。选择具有相关资质单位对生产装置、设施及安全设施进行设计、安装和施工。

③ 提高装置的自动化控制水平，关键环节及操作过程设置联锁控制，减少人为误操作引发事故。

④ 加强对管理人员及操作人员安全教育和培训，执行严格的"三级"安全教育，安全考核合格后持证上岗；作业人员清楚作业环节主要危险环节及因素，具备一定的紧急情况下的应急处理能力；提高直接操作人员风险识别能力及自我安全保护意识。

1.17 主火炬筒顶部喷出氨气并扩散导致中毒事故

2014 年 9 月 7 日 15 时 45 分左右，宁夏甲公司东南角火炬装置区域，发生一起因氨气液混合物从主火炬筒顶部喷出并扩散，造成火炬装置周边约 200m 范围内 41 人急性氨中毒，大约 1000 株树木、2000m^2 植被受损枯黄。

1.17.1 基本情况

（1）企业概况

宁夏甲公司经营范围：合成氨、尿素、甲醇、煤化工及后续产品的生产和销售。

四川乙公司以煤为原料的 40×10^{4}t/a 合成氨、70×10^{4}t/a 尿素、20×10^{4}t/a 甲醇项目氨合成、甲醇合成及尿素装置生产运行管理服务单位，同时也是宁夏甲公司股东。该公司以煤为原料的 40×10^{4}t/a 合成氨、70×10^{4}t/a 尿素、20×10^{4}t/a 甲醇项目的总体设计、安全设施设计专篇编制和火炬系统设计审查单位。

（2）事故装置有关情况

甲公司以煤为原料 40×10^{4}t/a 合成氨、70×10^{4}t/a 尿素和 20×10^{4}t/a 甲醇建设项目分别处于试生产阶段。

2011 年 4 月 6 日，甲公司就火炬系统作为 EPC（总承包）项目向社会邀标，共五家公司参加本次竞标。2011 年 4 月 28 日，经综合评定，陕西丁公司为中标单位。2011 年 8 月 9 日，甲公司与丁公司签订火炬系统 EPC 项目合同。

1.17.2 事故经过

2014 年 9 月 3 日甲公司因氨压缩机高压缸干气密封泄漏量大，停氨压缩机进行抢修。9 月 5 日，氨压缩机置换合格，交付钳工检修；按抢修计划，同时将 01E0507、01E0508 安全阀进行拆装检测调校。9 月 6 日 16 时，氨压缩机高压缸干气密封检修完毕，氨压缩机建立干气密封系统、油循环。9 月 7 日 4 时 30 分，01E0507、01E0508 安全阀调校合格回装完毕。8 时 25 分氨压缩机建立水系统正常、真空系统正常。9 时 35 分氨压缩机开始引氨置换。14 时 40 分，暖管合格后，启动开车程序，氨压缩机开始按规程开车启冲转、升速。15 时 40 分，氨压缩机伸缩过程中一段氨冷气压力最高涨至 0.9216MPa 后安全阀起跳。15 时 45 分，主控人员刘某从监控发现，位于厂东南角氨火炬顶部有大量气液夹带物喷出，并有液体随着火炬管壁下落、扩散，造成火炬周边空气中氨浓度骤升。

1.17.3 原因分析

（1）直接原因

该公司设置在壳侧设备出口管线上（保护二手设备）的 01E0507 和 01E0508 安全阀均为气液两相，在氨蒸发器 01E0507 安全阀 PRV-01E0507 起跳后，液氨直接进入氨事故火炬管线，加之氨事故火炬未按标准《石油化工企业设计防火规范》要求在氨事故放空管网系统上设计、安装气液分离罐，致使液氨从事故火炬口喷出，汽化后迅速扩散。

（2）间接原因

① 氨事故火炬系统是重要的安全设施，公司建设项目安全设施设计专篇中未分析氨事故火炬系统存在的风险并提出相应的预防措施，也未明确氨事故火炬系统的设备选型和设备一览表，存在严重的设计缺陷。且在该公司项目的总体设计和火炬系统设计审查中存在着交待不清、责任不清和设计缺陷。

② 对火炬系统 EPC 总承包商的设计资质审查把关不严，允许未在自治区住房和城乡建设厅办理区外勘查设计(施工、监理)企业进行项目登记备案手续的公司在境内承揽工程建设项目；且其中一家公司仅具有二级压力容器设计资质，存在超越其设计资质等级许可的范围承揽工程设计的违法行为。工程项目管理公司没有严格依照法律、法规以及有关技术标准、设计文件和建设工程承包合同对火炬系统工程质量实施监理，未及时发现工程设计不符合建筑工程质量标准或者合同约定的质量要求。

③ 装置中交和开车前组织的"三查四定"工作不严谨，没有发现设计及施工漏项；系统检修后开车，没有按《关于加强化工过程安全管理的指导意见》要求进行开车安全条件表单逐项确认。

④ 对劳务外(分)包单位统一管理和协调不到位，该公司劳务派遣工安全培训特别是应急知识培训教育不到位，职工缺乏自救、互救知识；乙公司技术服务部生产装置开停车组织系统不健全、事发当日关键岗位的管理人员不在岗，现场安全管理不到位，且开车前检查工作没有作记录。

⑤ 企业应急处置不及时，事发后，没有及时对厂外过路车辆及群众进行疏散，导致企业职工和厂外(公路)过路人员急性氨中毒。

1.17.4 建议及防范措施

① 加强安全教育培训工作。进一步加强从业人员安全教育培训，尤其加强危险化学品作业人员和救援人员(含劳务派遣人员)应急知识的培训，使其了解中毒、窒息等可能发生事故的特点、危害性，掌握自救互救知识，防止盲目施救。加强对从事维修作业的临时工、农民工、外包单位人员的安全生产和应急知识培训，提高安全意识和应急处置能力。

② 严格执行领导和工程技术人员值班值守制度，严格动火、进入受限空间等安全作业许可，加强试生产、开停车安全管理和泄漏安全管理，加强现场巡检和重要参数监控。

③ 加强事故应急能力。企业要制定有针对性的应急预案，定期组织开展应急演练，使作业人员掌握逃生、自救、互救方法，熟悉相关应急预案内容，提高企业和从业人员的应急处置能力。

1.18 环氧乙烷精制塔爆炸事故

2015 年 4 月 21 日，江苏某厂乙二醇装置环氧乙烷精制塔 T-430 发生爆炸事故，事故造成 1 人轻伤，环氧乙烷精制塔严重损坏，直接经济损失约 46.9 万元。

1.18.1　基本情况及事故经过

4月21日5时2分，江苏某厂环氧乙烷岗位人员听到现场有异常放空声，立即对该塔进行紧急处理，采取切断进料、切断加热蒸汽等措施，并赶到现场进行检查确认，发现环氧乙烷精制塔T-430塔顶安全阀起跳。现场监控视频显示，5时37分，塔釜再沸器上封头附近有白烟冒出。6时，再沸器上封头附近白烟变大。6时1分，再沸器上封头附近起火。现场人员立即通知车间领导，车间立即启动现场应急预案，组织人员进行灭火，并于6时3分报火警。6时4分，精制塔发生爆炸。

事故发生后，环氧乙烷车间主任立即组织现场人员紧急停车，对另外2个环氧乙烷精制塔T-410、T-420进行喷淋冷却保护，对塔内存液进行控制性排放，并用水稀释，通过污水系统排至事故污水池，未造成环境污染。6时8分，消防人员赶到现场，展开救援。6时20分，火情得到控制；7时30分，现场明火被扑灭。

1.18.2　原因分析

（1）直接原因

由于环氧乙烷精制系统中醛类发生自聚，回流罐D-430仪表引压管堵塞，压力指示失真，操作人员判断失误、处置不当，导致环氧乙烷精制塔T-430超压，塔釜再沸器E-430上封头法兰密封发生泄漏；由环氧乙烷泄漏产生的静电火花或泄漏的环氧乙烷在E-430保温层中自聚放热形成高温热点引起着火，造成塔内环氧乙烷蒸气分解、爆炸。

（2）间接原因

① 仪表引压管设置存在缺陷

T-430塔的压力联锁与压力控制变送器、现场压力表共用一个引压管和取压阀，致使控制功能和安全功能同时失效。

② 工艺管理不到位

对环氧乙烷精制塔异常情况的危险性认识欠缺；在长达20h的工艺异常中，技术人员未尽到应有的责任；岗位操作法不完善，交接班沟通不足，现场检查和巡检不到位。

③ 变更管理不到位

对装置改造后，长时间高负荷运行（125%），对长期高限运行带来的风险辨识不到位。

④ 应急预案不完善、应急处置不当

没有环氧乙烷精制系统火灾应急预案和爆炸事故专项应急预案；在T-430塔再沸器上封头法兰处泄漏后，现场应急人员没有按照应急预案及时打开专用消防喷淋系统。

⑤ 异常工况上报不及时

车间人员对安全阀起跳的原因判断不准确，且紧急停车后未及时按照相关规定向厂领导汇报，未能采取有效应急措施。

⑥ 人员培训不到位

操作人员在看到塔顶温度上升以后，误认为是塔釜中的水被蒸馏到了塔顶，再加上塔顶压力一直处于正常范围，因此没有能够正确判断塔顶温度上升是由于环氧乙烷对应的饱和蒸气压上升所致，进而导致未及时采取有效的处置措施。

第2章 危险化学品
经营安全事故

2.1 硫酸储罐爆裂导致硫酸泄漏事故

2013 年 3 月 1 日，甲公司 2 号硫酸储罐发生爆裂，并将 1 号储罐下部连接管法兰砸断，导致两罐约 $2.6×10^4$t 硫酸全部溢（流）出，造成 7 人死亡，2 人受伤，溢出的硫酸流入附近农田、河床及高速公路涵洞，引发较严重的次生环境灾害，造成直接经济损失 1210 万元。

2.1.1 基本情况

甲公司申报的经营范围：硫酸储存、运输、销售、化学试剂、器材销售等项目。同年，该公司依法取得《危险化学品经营许可证》，核定其硫酸储存能力为 $1×10^4$t。

2012 年 10 月中旬，甲公司勾某经人介绍联系到了乙公司的设计人员闫某，让其出具了储罐基础设计图纸。雇佣潘某、田某等施工人员依据图纸进行基础工程施工。至 11 月初，4 个储罐基础工程全部完成。在此期间，勾某与丙公司（具有化工、石化、医药行业设计乙级资质）签订了建设工程设计合同，委托其对硫酸储罐进行设计，并向该公司预付了 3 万元设计费。由于该公司的项目没有合法审批手续，丙公司最终只提供了未加盖公章的储罐设计施工草图。至 2013 年 1 月，4 个硫酸储罐相继安装完成。在储罐焊接作业过程中，施工单位未对焊缝进行无损检测，也未对储罐的强度、刚度和气密性进行试验。

硫酸属于第三类易制毒化学品。凡购买硫酸的单位，应当持工商营业执照、危险化学品经营许可证，到公安部门备案所需购买的品种、数量，公安机关受理后出具购买许可或备案证明。因该公司不具备采购硫酸的合法条件，为此勾某决定利用乙公司的名义尽快购入硫酸。2012 年 11 月 21 日，勾某持乙公司的资质材料到公安局禁毒大队申请硫酸购买备案证明。至 2013 年 2 月 25 日，公安局禁毒大队先后为乙公司审批了 52 次、总量 $11.75×10^4$t 的硫酸购买备案证明。由于乙公司储存硫酸能力仅为 $1×10^4$t，禁毒大队对勾某短期内申请硫酸购入量远远超出了其公司的实际储存能力产生怀疑。勾某称他们在园区又建了 4 个硫酸储罐，购入的硫酸都储存在那里了。禁毒大队后期到园区查看，确实如勾某所说新建了 4 个储罐。自 2012 年 12 月 11 日至 2013 年 1 月 30 日，勾某持这些购买备案证明从 4 家企业购买了浓度为 93% 总计 $6.18×10^4$t 浓硫酸，陆续注入建好的 4 个储罐内。其中发生爆裂的 2 号储罐、发生泄漏的 1 号储罐及 4 号储罐分别注入 1.3 万余吨硫酸；3 号储罐注入 1.1 万余吨硫酸，4 个储罐内共注入硫酸 5 万余吨。其余 1 万余吨注入另一公司的储罐。在作业场所未设置相应的监测、监控、报警、存液池以及防护围堤等安全设施。

2.1.2 事故经过

2012年12月中旬，3号储罐注满硫酸后，罐体发生变形、渗漏。勾某决定在罐体外1~5节上用槽钢焊接加强圈加固罐体。2013年春节前，依次完成了3号、1号及4号储罐加固工作。春节过后对2号储罐实施加固。在焊接作业过程中，未将储罐内盛装的硫酸导出，未采取隔离措施，也未对储罐内积存的气体进行置换，未对现场进行通风，直接在储满硫酸的储罐外进行动火作业。3月1日下午3时20分，5名焊工在2号储罐进行加固焊接作业时，罐体突然发生爆裂，罐内硫酸瞬间暴溢。爆裂致使罐体与基础主体分离，顶盖与罐体分离，罐体侧移10m，靠在3号罐上。爆裂产生的罐体碎片撞击到1号储罐下部连接管处，致使法兰被砸断，1号储罐内硫酸溢（流）出。最终两罐约 $2.6×10^4$t 硫酸全部溢（流）出，流入附近农田、林地、河床及高速公路一处涵洞。现场作业的5名焊工、会计王某、司机张某因硫酸灼烫全部遇难。当时在距离储罐30m左右临时工棚内监工的勾某等侥幸逃脱身体烧伤。流入农田的硫酸又将放羊的农民蔡某双脚烧伤。事故发生后，勾某等3兄弟分头逃匿。经公安机关多次工作，勾某等三兄弟于2013年3月3日向公安机关投案。

2.1.3 原因分析

（1）直接原因

由于储罐内的浓硫酸被局部稀释使罐内产生氢气，与含有氧气的空气形成达到爆炸极限的氢氧混合气体，当氢氧混合气体从放空管通气口和罐顶周围的小缺口冒出时，遇焊接明火引起爆炸，气体的爆炸力与罐内浓硫酸液体的静压力叠加形成的合力作用在罐体上，导致2号罐体瞬间爆裂，硫酸暴溢，又由于爆裂罐体碎片飞出，将1号储罐下部连接管法兰砸断，罐内硫酸泄漏。是这起事故的直接原因。

（2）间接原因

① 无设计施工，建设硫酸储罐达不到强度、刚度要求

按照规范该硫酸储罐罐体许用应力为217MPa。在储罐储满硫酸后，罐体实际环向应力为180.9MPa，而建成的储罐的罐体许用应力是150MPa，罐体环向应力超过罐体的许用应力。又因储罐罐体焊接质量缺陷，导致罐体储满硫酸后发生变形、渗漏。

② 违规动火

在加固施工作业时违反《化学品生产单位动火作业安全规程》的规定，在未采取有效隔离、通风等防范措施的情况下，在装满硫酸的储罐外进行焊接作业。焊接过程产生的明火，遇储罐内达到爆炸极限的氢气，引发爆炸。

③ 无安全防护设施

硫酸储罐现场未设置事故存液池以及防护围堤等安全防护设施，导致 $2.6×10^4$t 硫酸外流。

④ 企业非法建设

企业在该硫酸储存项目未经规划，未经环境保护部门进行环境影响评估，未经安全生产监督管理部门审批安全条件，未经发改部门办理项目备案，未经国土部门批准项目建设用地，未经建设部门审批施工许可，未办理工商营业执照情况下，在临时用地上非法建设硫酸

储罐。在建设过程中，擅自修改设计参数，雇佣无资质人员施工，建造的储罐达不到安全要求。硫酸储罐现场未设置事故存液池以及防护围堤等安全防护设施，导致 $2.6×10^4$t 硫酸溢流，造成事故扩大，引发较严重的次生环境灾害。

⑤ 无资质承揽施工工程，工程质量存在严重缺陷

储罐施工的包工队不具备钢结构工程专业承包及化工石油设备管道安全施工资质，擅自承揽硫酸储罐施工工程，工程质量存在明显缺陷。在施工中明知企业擅自增加罐体高度，降低储罐壁钢板厚度，提供的原材料达不到设计屈伸强度，却仍按照企业要求施工，为事故发生埋下了隐患。

⑥ 借用合法资质，非法储存硫酸

借用乙公司合法资质，获取硫酸购买备案证明，3 个月内购入 $6.18×10^4$t 硫酸，储存在不具备基本安全条件的 4 个储罐中，为事故发生创造了条件。

2.1.4　建议及防范措施

① 制定完善安全措施

将剩余两罐的硫酸安全运出，拆除罐体，清理场地。处理过酸土地、河床，按照省环保厅现场应急处置会议精神，制定处置方案，选择具有资质单位设计施工，对过酸土壤清理、填埋，恢复植被；制定农田复垦专业技术方案，开展复垦试种工作。

② 严格建设项目审批程序，依法依规开展项目建设

项目审批备案工作中，工商、规划、发改、经信、土地、环保、安全监管、公安、消防和特种设备等监管部门及项目所在地园区管理机构要按照各自职责，严格依照有关法律法规的规定，正确行使审批职能。坚决杜绝未批先建、边批边建和超越职能审批的现象。建设单位要依法申请各项行政审批手续，严格依法办事；对项目勘察、设计、施工、监理等相关单位资质要严格把关，确保符合有关法律法规的规定。

③ 认真吸取事故教训，深入开展"打非治违"专项行动

认真吸取事故教训，深入开展安全生产"打非治违"专项行动，彻底排查、严厉打击未经批准擅自建设危险化学品项目，未经许可擅自从事危险化学品生产、经营，未经许可非法运输危险化学品等非法违法行为，坚决整顿治理、关闭取缔危险化学品非法违法生产经营建设单位，坚决遏制各类事故特别是危险化学品事故的发生，保障人民群众生命财产安全，推动安全生产形势的持续稳定好转。

④ 加强园区的监管

园区内的建设项目必须依法履行"三同时"手续。政府不得以"招商"为由，对建设项目实施保护。要正确处理安全与发展的关系，坚持把安全生产放在首要位置，自觉坚持科学发展安全发展，要把安全真正作为发展的前提和基础。负有监管职能的部门要加强园区企业监督检查，查处违法违规行为。

⑤ 政府分管领导，既要抓建设，又要抓安全，更要抓好干部管理

加强对干部的正确的政绩观、大局意识、责任意识和服务意识的教育，督促干部切实增强工作主动性，在各自分管行业领域，加强部门联动，严格按照法律法规规定履职尽责。

2.2 回收溢油时发生汽油火灾事故

1999年6月19日，山东某公司某村经营点员工在回收溢油时，发生一起汽油火灾事故，造成3人死亡，2人重伤，直接经济损失16.35万元。

2.2.1 基本情况及事故经过

1999年4月，该公司为扩大经营，提高农村成品油销售市场占有率，在县城西南20km处一村庄内租用三间平房、一个小院作为成品油零售点。租用后，该公司投资3万多元安装了两个卧式小油罐、两台加油机，由本公司调研员（曾任副经理）宋某个人承包经营。宋某承包后与其爱人殷某一道经营，边经营，边照看其外孙女（4岁），因人手不足，自行找一女孩王某（19岁，农村青年）帮工。

6月19日17时30分左右，该经营点承包人宋某从该公司油库提取一车（10000L）90#汽油，由公司车队油罐车司机张某（公司临时工）负责往其经营点送油，宋某带其外孙女一同乘车前往。18时20分到达后，卸油前按规定应先对油罐的油品容量进行计量，然后由该公司负责网点油品保管监督人员开启油罐卸油口铁锁，再行卸油。但当时保管监督员不在，宋某就擅自将油罐卸油口的铁锁撬开，也没计量罐内容量，就接上卸油管开始卸油。在卸油期间宋某未安排人员进行监视，让油罐车司机张某同其他人员一起到营业室内吃西瓜。司机张某吃了两片西瓜后感觉屋内热，就到营业室外油罐车旁站着乘凉，此时宋某等人仍在营业室。大约在接近18时50分时，宋某到院内油罐口查看，发现此时油已从油罐量油口溢了出来，就赶紧喊在院外乘凉的司机张某，让其快关上油罐车阀门。张某听到宋某的喊声之后，随即将油罐车阀门关闭。同时宋某又叫在该网点帮忙的王某赶紧去回收溢油。王某在回收溢油时，因其采取方式不当，采用塑料盆、铁盆、铁桶等器具发生碰击产生火花引起汽油爆燃。火灾中，在经营点帮工的王某当场被大火烧死，宋某及其爱人殷某和外孙女岳某（4岁），以及王某带到网点玩耍的外甥耿某（2岁）被烧成重伤。在抢救过程中，宋某与其爱人殷某因年龄大、伤势重分别于一周内先后死亡。

2.2.2 事故原因

（1）直接原因

① 宋某违反公司规定，在公司保管监督人员不在的情况下，未经保管监督人员知晓同意，自行撬开经营点卸油口铁锁进行卸油，致使卸油失去监督保障。

② 宋某违反卸油操作程序，卸油前未对罐内容量进行计量，卸油时又未安排专人进行监视，以致造成油罐溢油，油气大量积聚，形成爆燃气体。

（2）间接原因

① 宋某违反安全管理制度，在油罐溢油后，指使在本经营点帮工的王某采用塑料盆、铁盆、铁桶等容易产生静电及碰撞产生火花的器具回收溢油，以致于造成器具碰撞、摩擦产生火花，引燃油蒸气。

② 宋某违反公司规定和《加油站管理制度》，私自雇用人员，所雇用人员又未经过岗位

培训，缺乏安全常识，不具备从事成品油业务经营的素质条件，致使发生违章操作现象。

③ 宋某违反管理制度，随意带领并允许他人带领闲杂人员在经营点和油罐作业区逗留、玩耍，以致于造成其外孙女和王某的外甥在营业场所玩耍被烧成重伤。

2.3 严重违章作业导致配电间油气爆炸事故

1998 年 8 月 27 日，河南某油库在卸油过程中，发生一起火灾事故，造成 4 人死亡、1 人重伤。

2.3.1 基本情况及事故经过

1998 年 8 月 27 日 18 时左右，河南某油库接到洛阳某厂发来的 30 个 90# 汽油槽车，油库副主任杨某带领泵操作工、电工、消防员等 5 人在油泵房进行装卸作业。18 时 40 分，卸油泵房配电间发生爆炸，引起油泵房油气闪燃，并引燃泵房外小院内水沟、油水排放池内的残油，大火 20min 后被扑灭。在现场作业的李某、刘某被当场烧死，黄某、杨某烧伤后经抢救无效分别于 9 月 3 日 19 时和 9 月 4 日 3 时死亡，赵某重伤，事故中卸油泵房配电间被炸毁。

2.3.2 原因分析

（1）直接原因

这是一起管理水平低、严重违章作业造成的事故。在卸油过程中，使用真空泵（型号为 SZ-2）给流程泵引油，真空泵操作规程明确规定："排真空后，油泵正常工作立即关闭真空泵，不得伴随作业"。而该公司油库在卸油作业中没有遵守这个规程，直到事故发生，大火被扑灭后，真空泵仍在运转。由于在油泵启动正常后没有按规定立即停真空泵，造成夹带汽油的油气从真空泵出口油气分离罐大量漏出，排放到院内明沟及隔油池中。漏出的汽油在院内大量蒸发积聚，油气窜入紧靠泵房的配电间，配电盘闸刀打火，引起配电间爆炸起火，并引起泵房室外油水分离池浮油燃烧，在泵房作业的 5 人，2 人当场死亡、2 人送医院抢救无效死亡，1 人重伤。

（2）间接原因

① 卸油泵房布局不合理，油泵房与配电间一墙之隔，按照设计规范应为实体墙，不应有空洞，而事故泵房与配电室之间有两处没有封堵的穿墙管洞。

② 真空泵排气管的位置距休息室太近，在休息室门斜上方，而休息室与配电间直接相通，油气通过休息室进入配电间，配电间三相闸刀开关继电气打火引起爆炸。

③ 主油泵漏油，机泵带病运行。

④ 真空泵放空管安装不正确，真空泵操作液面严重超高，几乎满罐，致使玻璃管液位计漏油，但真空泵仍然在运行，抽出大量油滴导致油气窜入配电间。

⑤ 泵房前的"三角地"小院通风不良。有一堵高 2.6m 的围墙，而且地面在路面下 0.6m，形成凹陷的"三角地"。

⑥ 泵房的排污池实际是一个向大气扩散的散发池，不到 1m³ 的池中，液体既不能流出也不能泵出，在围墙与泵房之间的封闭院落散发，极易引起事故。

2.4　油气加注站液化气储罐爆炸事故

　　2007 年 11 月 24 日，上海某油气加注站在停业检修时发生液化石油气储罐爆炸事故，造成 4 人死亡、30 人受伤。图 2.1 为爆炸事故现场。

图 2.1　爆炸事故现场

2.4.1　基本情况及事故经过

　　2007 年 10 月 12 日，上海某油气加注站暂停营业，进行检修。同日，甲公司用 10 瓶氮气分别将 1 号、2 号储罐内的剩余液化石油气物料压到槽车内，进行退料，至储罐液位表到零位后结束，但没有对液化石油气储罐进行置换。

　　11 月 7 日，施工人员按合同内容开始对管路进行除锈、刷漆。11 月 14 日，销售中心变更工程项目内容，在原有合同的基础上增加了更换系统管道的内容。11 月 22 日，管道全部更换完毕。11 月 23 日 15 时，上海某公司严重违反压力管道试压规定，擅自用压缩空气气密性试验代替对新更换管道的压力试验，并确定管道系统气密性试验压力为 1.76MPa。在没有用盲板将试压管道与埋地液化石油气储罐隔离、且储罐的液相管道阀门和气相平衡管阀门处于全开情况下，19 时，用空气压缩机将试压管道连同埋地液化石油气储罐一起加压至 1.2MPa，保压至 24 日上午。24 日 7 时 10 分，继续升压；7 时 40 分，焊工违章进行液化石油气管道防静电装置焊接作业，7 时 51 分，当将第 3 只单头螺栓焊至液化石油气管道气相总管，空压机加压至 1.36MPa 时，2 号液化石油气储罐发生爆炸，罐体冲出地面，严重损坏，其余两个埋地液化石油气储罐受爆炸冲击，向左右偏转，造成液化石油气罐区全部破坏，爆炸形成的冲击波将混凝土盖板碎块最远抛出 420 多米。

　　事故造成 2 名作业人员当场死亡，30 名附近居民和油气加注站旁边道路上行人受伤，其中 2 名伤势严重的行人在送往医院途中死亡，周边约 180 户居民房屋玻璃不同程度损坏，12 家商店及 70 余部车辆破损。

2.4.2 原因分析

（1）直接原因

在进行管道气密性试验时，没有将管道与埋地液化石油气储罐用盲板隔断，液化石油气储罐用氮气压完物料后没有置换，导致液化石油气储罐与管道系统一并进行气密性试验，罐内未置换干净的液化石油气与压缩空气混合，形成爆炸性混合气体，因现场同时进行电焊动火作业，电焊火花引发试压系统发生化学爆炸，导致事故发生。

（2）间接原因

这次爆炸事故暴露出该油气加注站的检修组织上管理混乱。

① 以包代管。油气加注站的检修工作外包后，没有对施工过程的安全进行监督，致使承担检修任务的单位在检修过程中屡屡违反施工安全作业规程。

② 层层转包。甲公司承接检修工程项目后，又将检修工程转包给没有相关施工资质的乙建筑安装工程有限公司。

③ 检修计划不周密。施工过程中随意多次增加检修项目却不及时修改检修施工方案。

④ 没有按照安全检修要求对检修管道和设备内的气体进行置换。擅自用气密性试验代替管道的压力试验，在管道气密性试验时，没有将管道与液化石油气储罐用盲板隔离。

⑤ 安全意识差。在油气加注站的检修过程中没有执行动火有关规定，在没有动火许可证的情况下擅自动火，从而引发事故。

2.4.3 建议及防范措施

① 这起事故暴露出安全生产主体责任不落实，检修安全管理工作不到位，地方有关部门监管不得力。

② 为了深刻吸取事故教训，切实做好加油（气）站安全生产工作，要求各加油（气）站经营单位要严格执行危险化学品经营许可制度，加强对加油（气）站的安全监管；切实加强加油（气）站检维修安全管理；结合隐患排查治理工作，切实加强加油（气）站检维修安全管理和日常安全管理。

2.5 加油站违章作业发生中毒窒息事故

1999 年 6 月 24 日 14 时 10 分，吉林某加油站因违章作业发生中毒窒息事故，造成 1 人死亡，多人窒息。

2.5.1 基本情况及事故经过

吉林某加油站于 1992 年 9 月建成投入使用。站内设有 3 个 50m³ 地下直埋式油罐，出油管设在储油罐底部，并各自设有控制阀门，原设计为便于关闭、检修阀门设"L"形地沟井一处，后于 1997 年 8 月进行付油系统工艺改造，将付油管从储油罐入孔引出，但由于生产原因，阀门无法拆除，故仍保留阀门地沟井。

1999 年 6 月 24 日 8 时上班后，该加油站副站长兼计量员向站长汇报库存商品柴油连续

四、五天减量共计 300kg。站长用电话向上级主管单位某石油产品销售分公司分管安全的副经理汇报了此情况，副经理答复后并请技术监督局检测所检定加油机计量器工作正常情况。10 时 30 分站长再次用电话向副经理汇报说检测正常，副经理答复午后派维修科对其他设备做进一步检查。当日 14 时，维修科余某、宋某 2 人到站后，站长到附近汽车轮胎修理部借了一只手电筒（非防爆）。此时维修科科长朴某来到加油站。朴某说既然 0# 柴油加油机检定正常，储油罐底部阀门漏油可能性最大，于是决定上地沟井内检查 0# 柴油储油罐底部阀门。14 时 7 分，维修科 3 人同站长到地沟井旁（1997 年 8 月付油工艺改造后没下过人），站长和宋某到站长室拿了一套防静电工作服，余某穿上工作服，手拿电筒在没有采取其他任何防护措施的情况下进入地沟井。

14 时 10 分，余某在进入地沟约 40s，瘫倒在井口下面。当时井口上的朴某、宋某、站长立即让站内职工打电话报警，同时打电话求救，并派人到加油站路口接应；正在加油站出入口组织路面施工的该石油产品销售分公司经理、副经理等人跑到井口，组织抢救工作。在站长呼救同时，宋某没有采取任何防护措施下井救人，下到井部一半（没有触及余某）感觉呼吸困难后立即上返。这时分公司副经理接到报告赶到事故现场，组织救护工作。此时其他人员找来绳子，朴某用绳子把腰栓上，用水浸湿毛巾，捂住面部，手拿准备的一条水龙带下到井底，把消防水带从余某腰部围过来，准备系扣时，朴某刚喊了一声即失去了知觉，上面的人员马上把朴某拉上地面进行抢救。

14 时 18 分，120 救护车、110 巡警车赶到现场投入抢救工作，1 名 110 民警带上防毒面具，腰系绳索，迅速进入井内实施救援，当下到井内一半时，上面人员发现下去的民警双手发抖，于是将该民警拉上地面。14 时 20 分 2 台消防车赶到现场，1 名消防队员带上氧气式防护面具，系好安全绳，下到井内一半时也感到不行，被上面人员拉到地面，另 1 名消防队员带氧气式防护面具，下到井底把绳索系在余某腰上，井上人员把余某拉上地面，120 救护医生马上对其进行人工呼吸并给其输入氧气。14 时 30 分，在场的人员把余某抬上救护车，一边做人工呼吸抢救，一边继续输氧，并将其急速送入医院。15 时 50 分，经医院抢救无效死亡。

2.5.2　原因分析

① 经测定，地沟入口 5m 处 CO_2 含量为 5%，还有油气等。经调查分析，这是一起因领导违章指挥、具体维修人员违章作业造成的重大责任事故。维修科科长朴某凭借主观认为井内不会产生惰性气体，少量油气不能致人死亡，所以没有按制度采取任何防护措施，对余某不佩带防护面具、拿非防爆手电下地沟井内没有制止，违反了有关操作规程。

② 这起事故的发生暴露出该公司基层干部、职工平时不重视安全制度学习，安全意识淡薄，思想麻痹，盲目指挥，违章操作，在执行规章制度上还存在严重漏洞和薄弱环节，致使这起事故的发生，在企业和社会中造成了不良的负面影响。

③ 该分公司主管部门早在 1997 年 8 月份对该加油站工艺改造时就要求用砂子填死管道地沟，但由于诸多原因，该加油站的隐患一直没有得到及时、彻底的整改，最终导致这起事故发生。

2.5.3　建议及防范措施

针对该起事故，应当吸取深刻的教训并采取切实的防范措施，避免类似事故的再次发生。

① 加强对安全管理干部、安全员的岗位培训并在工作中严格执行各项规章制度。

② 立即对加油站进行一次全面的安全大检查，并对查出的各类隐患和不安全因素投入资金按规划一次性整改完毕。对一时不能解决的要制定安全可靠的防范措施，制定相关的安全管理制度，杜绝类似事故的再次发生。

③ 对加油站存在的地沟全部予以填死，消灭阀门井，对付油工艺不规范的一并进行整改。

④ 库站维修必须按规定执行安全维修作业票和工作联系通知单，负责人签字同意后方可实施。

2.6 清除加油站罐内油水作业时发生窒息事故

2008年5月14日，安徽某加油站由外来施工人员在清除罐内油水作业时，发生中毒窒息，造成1人死亡。

2.6.1 基本情况及事故经过

2008年5月份，该加油站改造完成后，在筹备开业期间，发现油罐内有少量水杂，5月14日下午，原施工方检维修人员利用手摇泵排除油水，但发现排不干净，就擅自违规打开人孔盖，佩戴TF型过滤式防毒面具进入油罐清理水杂，致使施工人员晕倒在油罐内，经拨打报警电话，消防人员佩戴隔离式防护面具进入油罐将其背出罐外，经送医院抢救无效死亡。清理水杂过程中，站长仅对防毒面具的安全性能提出质疑，但没有制止清罐作业，也未向零管部汇报。这是一起典型的违规操作造成的安全事故。

2.6.2 原因分析

（1）直接原因

施工单位（运通公司）在不具备相关清罐作业资质，对油罐安全条件未进行检测，防护用具不具备安全性能，且未得到该清罐指令的情况下，擅自扩大施工范围，盲目施工、违章操作是事故发生的直接原因。

（2）事故发生的间接原因

① 该加油站对承包商施工管理不落实，安全基建科、零管部对加油站工艺改造施工方案不严把审查关，默许了无施工方案的工程开工和实施，为施工单位擅自扩大施工范围埋下了祸根。

② 该加油站对承包商安全教育不落实，加油站对外来施工人员只进行口头安全教育，安全教育不认真、不到位、走过场，使施工农民对危害认识不足，违规施工成为必然。

③ 片区经理在平时疏于对加油站安全管理，抽水杂作业不到现场，这也是事故发生的客观原因。加油站站长发现问题不立即阻止，现场安全监管形同虚设，是事故发生的重要原因。

2.6.3 建议及防范措施

这起事故的发生，暴露出加油站安全管理的相关制度落实不到位，部分干部职工安全意识淡薄，存在侥幸心理，明明发现问题仍不能及时制止。管理部门对施工作业过程安全监护不到位，违章作业没有得到遏制。这起事故教训是深刻的，必须举一反三，引以为戒。

为防止类似事故的再次发生，应当积极采取措施，做好安全防范，确保加油站安全。

① 进一步加强公司"安全生产禁令"和销售企业"安全纪律"的学习和贯彻，对于违反"安全生产禁令"和"安全纪律"的行为必须严肃处理。

② 加强对施工承包商的管理，严把承包商准入关，不具备资质的承包商坚决不准入围，坚决杜绝无资质超范围施工。

③ 加强对施工加油站的监管。加强对施工人员的管理和教育，特别是动火、临时用电、进入受限空间、破土、高空作业等，教育内容要结合施工人员的实际情况，确保取得实效。加油站要加强对进站施工人员的审核，坚持持证上岗，杜绝无特种作业证人员进行特种作业。

④ 全面开展一次加油站改造施工的安全检查。对施工方资质进行重新审核，不具备施工资质的不准再继续施工；存在违规操作行为的要立即停止施工，待整改后重新开工；动火作业票等施工手续不完善的，要立即完善；对进场施工方安全教育不到位的，要重新进行培训。

2.7 加油站汽油罐闪爆事故

2013 年 3 月 1 日，四川某加油站在油气回收改造施工过程中，发生 1 起汽油油罐闪爆事故，事故造成承包商施工人员 1 人死亡，2 人受伤。

2.7.1 基本情况及事故经过

该加油站于 2013 年 2 月 24 日完成储油罐抽油，于 25 日完成清罐（由清罐入围承包商资阳某公司完成）。2 月 26 日，油气回收改造承包商四川某公司施工人员开始进场作业，并开具了相应的临时用电票、动火作业票。截止到 3 月 1 日，施工人员已经完成管沟开挖等前期工作，准备进行加油油气回收回气总管敷设、焊接等工作。

2013 年 3 月 1 日，按照该加油站油气回收改造进度安排，当日拟进行加油油气回收回气总管敷设、油罐人孔盖开孔及回气总管与人孔盖焊接工作。2 月 28 日，加油站站长李某住站。

3 月 1 日 8 时，承包商 1 名项目管理人员和 7 名施工人员进场开始施工作业。加油站站长到现场监督施工作业。10 时 30 分左右，站长由于家中有事，和加油站记账员交待现场情况后，在未向上级报告的情况下离开加油站。此时施工人员已基本完成了油罐人孔盖拆卸、开孔工作。加油站站长离开期间，加油站记账员、计量员到过施工现场查看。11 时 40 分左右，加油站现场人员回到营业站房吃饭，施工现场无加油站人员值守。此时，2 名施工人员陈某、曾某将油罐人孔盖抬到油罐操作井内准备与油气回收回气管进行对位并进入操作井内，另外 1 名施工单位工作人员钟某站在操作井外。对位时，陈某、曾某擅自改变动火位置，违章在油罐罐口直接点焊作业准备将回气总管短接管固定在油罐人孔盖开孔上，在点焊过程中发生闪爆事故，曾某当场死亡，陈某重伤，钟某轻伤。

2.7.2　原因分析

（1）直接原因

承包商施工人员在未检测油罐内油气浓度及采取相应安全防护措施的情况下，违章在汽油罐口进行动火作业，引燃油罐内残余油气直接导致事故发生。

（2）间接原因

① 加油站施工现场安全监管人员在现场仍有施工作业的情况下擅离职守，监管不到位，未能及时制止施工人员的违规行为是事故发生的主要原因。

② 施工作业动火作业票签发管理混乱，动火部位及地点不明确、动火等级错误、未对油气浓度检测提出要求、安全防护措施落实不到位是事故发生的重要原因。

③ 施工改造主管部门未到现场开展专项检查，未能有效落实"谁主管、谁负责"的安全职责，是导致事故发生的重要原因。

④ 安全监督管理部门、改造项目使用部门虽到现场进行了检查，但检查不认真、流于形式，未能发现、制止存在的问题，安全监督管理不到位也是事故发生的重要原因。

⑤ 加油站现场监督管理人员未接受有针对性的专项上岗培训、监管能力欠缺，省市两级主管部门对施工人员安全教育针对性不强、流于形式间接导致事故发生。

2.8　冷冻站液氨泄漏中毒事故

1998 年 4 月 26 日 22 时 57 分，四川某公司氯甲烷车间冷冻站高压氨压缩机发生大量液氨泄漏，导致 8 人中毒，其中 1 人死亡事故。

2.8.1　基本情况及事故经过

四川某公司氯甲烷车间冷冻站−40℃制冷系统在年度大修结束后正常开车过程中，2 号高压氨压缩机的汽缸突然破裂，导致液氨在瞬间发生大量泄漏，使在机房工作的宋某等 8 名当班职工不同程度中毒。其中宋某因中毒窒息伴水肿医治无效，于 23 时 5 分死亡，其余 7 名职工无生命危险，这次事故造成直接经济损失 17.6 万元。

2.8.2　原因分析

（1）直接原因

① 新购进的−40℃中间冷却器的内盘管被损坏，导致在开车过程中，加入到盘管中的液氨泄漏。

② 更新的两台中间冷却器到厂后，公司机动处虽然对其进行了外观检查及焊缝控伤检查，却没有按规定对有关部位进行单独水压试验，便将两台设备进行安装。

（2）间接原因

① 此次停产大修时间短、任务重加之现场当时停水，客观上无法试水压。待设备安装完毕后，对系统虽然进行了气密性试验，但由于没有分别按高低压进行稳压试验，始终没能及时发现这一潜在重大隐患。

② 在开车过程中，操作工检查不够仔细，未能及时发现-40℃中间冷却器液面猛涨的情况。

③ 检修后未清理现场，现场显得十分零乱，给当班职工安全撤离及抢救工作带来困难。

2.8.3　建议及防范措施

针对该起事故，应当吸取深刻的教训并采取切实的防范措施，避免类似事故的再次发生。

① 加强对压力容器的全过程管理，严格执行压力容器入厂检验的规定，完善公司设备管理制度。

② 加强职工技能培训及安全教育，正确使用防护用品，强化职工安全意识，提高职工在各种突发性异常情况下的应变能力。

③ 大修再忙，安全不松。大修结束后要给开车创造必要的条件，做到工完、料尽、场地清。

④ 提高企业各级管理人员素质，加强现场检查，严格执法。

第3章 危险化学品储运安全事故

3.1 混凝土油罐长年隐患遭雷击致油库特大火灾事故

1989 年 8 月 12 日 9 时 55 分，某油库发生特大火灾爆炸事故，导致 19 人死亡，100 多人受伤，其中公安消防人员牺牲 14 人，负伤 85 人，共 10 辆消防车被烧毁，直接经济损失 3540 万元。图 3.1 为爆炸起火的罐区。

图 3.1　爆炸起火的罐区

3.1.1　基本情况及事故经过

1989 年 8 月 12 日 9 时 55 分，某油库区 5 号混凝土油罐突然爆炸起火。到下午 2 时 35 分，由于当地风力增至 4 级以上，几百米高的火焰向东南方向倾斜。燃烧了 4 个多小时，5 号罐里的原油随着轻油馏分的蒸发燃烧，形成速度大约每小时 1.5m、温度为 150~300℃ 的热波向油层下部传递。当热波传至油罐底部的水层时，罐底部的积水、原油中的乳化水以及灭火时泡沫中的水汽化，使原油猛烈沸溢，喷向空中，撒落四周地面。下午 3 时左右，喷溅的油火点燃了位于东南方向 37m 处 4 号油罐顶部的泄漏油气层，引起爆炸。炸飞的 4 号罐顶混凝土碎块将相邻 30m 处的 1 号、2 号和 3 号金属油罐顶部震裂，造成油气外漏。约 1min 后，5 号罐喷溅的油火又先后点燃了 3 号、2 号和 1 号油罐的外漏油气，引起爆燃，整个老罐区陷入一片火海。

爆炸引起的大火分成三股，一部分油火翻过 5 号罐北侧 1m 高的矮墙，进入储油规模为 $30×10^4 m^3$ 的新罐区的 1 号、2 号、6 号浮顶式金属罐的四周，烈焰和浓烟已经烧黑 3 号罐壁，2 号罐壁隔热钢板很快被烧红；另一部分油火沿着地下管沟流淌，汇同输油管网外溢原油形成地下火网；还有一部分油火向北，从生产区的消防泵房一直烧到车库、化验室和锅炉房，向东从变电站一直引烧到装船泵房、计量站、加热炉。火海席卷着整个生产区，东路、北路的两路油火汇合成一路，烧过油库 1 号大门，沿着公路向位于低处的油港烧去。18 时左右，部分外溢原油沿着地面管沟、低洼路面流入胶州湾，大约 600t 油水在胶州湾海面形成几条十几海里长、几百米宽的污染带，造成胶州湾有史以来最严重的海洋污染。

3.1.2　原因分析

（1）直接原因

5 号油罐的结构及罐顶设施随着使用年限的延长，预制板裂缝和保护层脱落，使钢筋外露。罐顶部防感应雷屏蔽网连接处均用铁卡压固，且早已生锈，油品取样孔采用 9 层铁丝网覆盖，5 号罐体中钢筋及金属部件电气连接不可靠的地方较多，在遭受对地雷击时，产生的感应火花引爆油气。

（2）间接原因

① 该油库区储油规模过大，生产布局不合理，给油库区的自身安全留下长期重大隐患，还对胶州湾的安全构成了永久性的威胁。

② 混凝土油罐先天不足，固有缺陷不易整改。混凝土油罐多为常压油罐，罐顶因受承压能力的限制，需设通气孔泄压，通气孔直通大气，在罐顶周围经常散发油气，形成油气层，是一种潜在的危险因素。

③ 混凝土油罐只重储油功能，大多数因陋就简，忽视消防安全和防雷避雷设计，安全系数低，极易遭雷击。

④ 消防设计错误，设施落后，力量不足，管理工作跟不上。油库原有消防队员多为农民临时合同工，缺乏必要的培训，技术素质差。

⑤ 油库安全生产管理存在不少漏洞。事故发生时，自救能力差，配合协助公安消防灭火不得力。

3.1.3　建议及防范措施

对于这场特大火灾事故，应当吸取深刻的教训并采取切实的防范措施，避免类似事故的再次发生。

① 各类油品企业及其上级部门必须认真贯彻"安全第一，预防为主"的方针，各级领导要把防雷、防爆、防火工作放在头等重要位置，建立健全针对性强、防范措施可行、确实解决问题的规章制度。

② 对油品储、运建设工程项目进行决策时，应当对包括社会环境、安全消防在内的各种因素进行全面论证和评价，要坚决实行安全、卫生设施"三同时"制度。

③ 强化职工安全意识，克服麻痹思想。对随时可能发生的重大爆炸火灾事故，增强应变能力，制定必要的消防、抢救、疏散、撤离的安全预案，提高事故应急能力。

3.2 危险化学品仓库禁忌物混存导致特大爆炸火灾事故

1993 年 8 月 5 日，深圳某危险化学品仓库发生特大爆炸事故，造成 15 人死亡，200 人受伤，其中重伤 25 人，直接经济损失 2.5 亿元。图 3.2 为爆炸升起的蘑菇云。

图 3.2　爆炸升起的蘑菇云

3.2.1　基本情况和事故经过

1993 年 8 月 5 日 13 时 26 分，深圳某化学危险品仓库发生特大爆炸事故，爆炸引起大火，1h 后，着火区又发生第二次强烈爆炸，造成更大范围的破坏和火灾。深圳市政府立即组织数千名消防、公安、武警、解放军指战员及医务人员参加抢险救灾工作，由于决策正确、指挥果断，再加上多方面的全力支持，至 8 月 6 日凌晨 5 时，终于扑灭了这场大火。这起事故造成 15 人死亡，200 人受伤，其中重伤 25 人，直接经济损失 2.5 亿元。

爆炸地点是仓库区清 6 平仓，其中 6 个仓(2~7 号仓)被彻底摧毁，现场留下两个深 7m 的大坑。其中 1 号仓和 8 号仓遭到严重破坏。消防、公安、武警和解放军防化兵 16h 的恶战，扑灭了大火，保住了这座现代化城市。

3.2.2　原因分析

这是一起严重的责任事故，干杂仓库被违章改作化学危险品仓库及仓库内化学危险品存放严重违章是事故的主要原因；干杂仓库 4 号仓内混存的氧化剂与还原剂接触是事故的直接原因。

这次事故暴露出城市建设中存在许多重大安全问题，教训极为深刻。

① 该仓库所属公司为获得经营化学危险品的许可，弄虚作假，欺骗上级领导机关。

② 安全管理混乱，冒险蛮干。在危险品仓库管理方面，不按审批存放的危险品种类规定，严重混存各类化学危险品。

3.2.3 建议及防范措施

① 搞好城市规划和市政建设。各级政府在城市规划中，要有全局观念，统筹规划，合理布局，始终坚持经济建设与市政建设同步发展，确保人民生命和国家财产的安全。

② 加强化学和爆炸危险物品的安全管理。各级政府要把危险物品的储运问题纳入城市规划统筹考虑，各级公安机关要严格执法，坚持原则。

3.3 液化气罐车在卸车作业中发生爆炸着火事故

2017年6月5日凌晨1时左右，山东某公司装卸区的一辆运输石油液化气（闪点-80~-60℃，爆炸下限1.5%左右，以下简称液化气）罐车，在卸车作业过程中发生液化气泄漏爆炸着火事故，造成10人死亡、9人受伤，厂区内15辆危险货物运输罐车、1个液化气球罐和2个拱顶罐毁坏、6个球罐过火、部分管廊坍塌，生产装置、化验室、控制室、过磅房、办公楼以及周边企业、建构筑物和社会车辆不同程度损坏。

初步估算爆炸总能量相当于1t TNT当量（图3.3）。

图3.3 事故现场

3.3.1 基本情况及事故经过

6月4日，该公司连续实施液化气卸车作业。6月5日凌晨零时56分左右，一辆载运液化气的罐车进入该公司装卸区东北侧11号卸车位，该车驾驶员将卸车金属管道万向连接管接入到罐车卸车口，开启阀门准备卸车时，万向连接管与罐车卸车口接口处液化气大量泄漏并急剧汽化，瞬间快速扩散。泄漏2分多钟后，遇点火源发生爆炸并引发着火，由于大火烘烤，相继引爆装卸区内其他罐车，爆炸后的罐车碎片击中并引燃液化气罐区A1号储罐和异辛烷罐区406号储罐，在装置区、罐区等位置形成10余处着火区域。当地政府积极组织力量应急救援，共调集周边8个地市的189辆消防车、958名消防员，经过15个小时的紧张施救，6月5日16时左右，现场明火被扑灭。

3.3.2 原因分析

经初步调查，事故暴露出事故企业安全意识十分淡薄、风险管理严重缺失、安全管理极其混乱、隐患排查治理流于形式、应急前期处置不当、人员素质低下、违规违章严重等突出问题。主要表现为：一是安全风险意识差，风险辨识评估管控缺失，没有对装卸区进行风险评估，卸车区24h连续作业，10余辆罐车同时进入卸车现场，尤其是扩产后液化原料产品吞吐量增加三分之二仍全部采取罐车运输装卸，造成风险严重叠加。二是隐患排查治理流于形式，卸车区附近的化验室和控制室均未按防爆区域进行设计和管理，电气、化验设备均不防爆。三是应急初期处置能力低下，应急管理缺失，自泄漏到爆炸间隔2分多钟，未能第一时间进行有效处置，也未及时组织人员撤离。四是企业主要负责人危险化学品安全知识匮乏、安全管理水平低下，管理人员专业素质不能满足安全生产要求，装卸区操作人员岗位技能严重不足。五是重大危险源管理失控，重大危险源旁大量设置装卸区。此外，应急处置过程中事故企业违规将罐区在用储罐、装置区安全阀的手阀全部关闭，戊烷罐区安全阀长期直排大气而没有接入火炬系统，存在重大安全风险。

同时，接受事故企业委托开展安全评价的某安全评价有限公司等有关安全评价、设计机构对项目设计、选址、规划布局源头把关不严，风险分析前后矛盾，评价结论严重失实，厂内各功能区之间风险交织，未提出有效的防控措施。

3.3.3 建议及防范措施

① 针对事故暴露出的突出问题，结合危险化学品安全综合治理，立即全面开展涉及液化气体的危险化学品生产、储存企业安全集中排查整治。各地区要深刻吸取事故教训，紧密结合危险化学品安全综合治理工作，加快研究制定集中排查整治方案，立即对辖区内涉及液化气体的危险化学品生产、储存企业开展全面风险排查和隐患整治，特别是石油液化气、液化天然气的生产、储存安全。要以涉及液化气体生产中小企业、储存企业和装卸环节为重点，督促企业定期检查液化气体装卸设施是否完好、功能是否完备、是否建立装卸作业时接口连接可靠性确认制度，重点整治涉及液化气体的新建、改建、扩建危险化学品生产储存项目未履行项目审批手续，不符合建设项目安全设施"三同时"要求，未依法取得有关安全生产许可证照；装卸场所不符合安全要求，未建立安全管理制度并严格执行，安全管理措施不到位，应急预案及应急措施不完备，装卸管理人员、驾驶人员、押运人员不具备从业资格，装卸人员未经培训合格上岗作业，运输车辆不符合国家标准要求等。对发现的问题，要立即整改，一时难以整改的，依法责令企业立即停产停业整改；对整治工作不认真的，依法依规严肃追究责任。

② 集中开展警示教育。各地区要充分利用全国"安全生产月"和"安全生产万里行"广泛开展的有利宣传时机，采取多种形式，积极开展危险化学品安全警示教育。深刻吸取本次事故和国内外典型事故暴露的问题，结合本地区实际，对辖区内市县安全生产有关部门、所有化工和危险化学品以及危险货物运输企业主要负责人开展警示教育，切实汲取事故教训，增强风险防范意识，采取有效措施降低安全风险、彻底消除隐患。

③ 强化企业应急培训演练。有关化工和危险化学品企业以及危险货物运输企业要针对本企业存在的安全风险，有针对性地完善应急预案，强化人员应急培训演练，尤其是事故前期应急处置能力培训，配齐相关应急装备物资，提高企业应对突发事故事件特别是初期应急

处置能力，有效防止事故后果升级扩大。要准确评估和科学防控应急处置过程中的安全风险，坚持科学施救，当可能出现威胁应急救援人员生命安全的情况时，及时组织撤离，避免发生次生事故。安全监管部门要将企业应急处置能力作为执法检查重点内容，督促企业主动加强应急管理。

④ 严格安全生产行政许可和监管执法。各地区要严格落实"管行业必须管安全、管业务必须管安全、管生产经营必须管安全"的要求，进一步强化危险化学品安全监管。一是各级安全监管部门要严格行政许可准入，把人员素质、安全管理能力、装备水平等作为安全准入的必要条件，有关企业主要负责人安全考核不通过的一律暂扣安全生产许可证。要通过综合利用多种手段，倒逼企业加快转型升级，加速提升本质安全水平和安全保障能力。二是加大检查执法力度，各地区要把危险化学品重大危险源尤其是液化气体罐区作为必查项目。三是指导企业聘请具备能力的第三方机构单位，按照有关法规文件，对本辖区内所有液化气体罐区进行安全风险评估，有关装置和储存场所与周边安全距离必须满足相关标准，对达不到要求的，要依法责令限期整改。四是督促企业完善监测监控设备设施，强化危险化学品生产、储存、运输、装卸、使用等各环节自动化监测监控能力。五是凡是委托涉事安全评价有限公司开展安全评价的企业，必须重新进行安全评价，确保安全风险评估准确全面、评估结论科学合理、管控措施有效可行。

⑤ 积极推进危险化学品安全综合治理工作。危险化学品易燃易爆、有毒有害，危险化学品重大危险源特别是罐区储存量大，一旦发生事故，影响范围广、救援难度大，易产生重大社会影响，后果十分严重。地方各级人民政府要进一步提高对危险化学品安全生产工作重要性的认识，按照国务院既定部署要求，积极推进危险化学品安全综合治理工作，加强组织领导协调，加快推进风险全面排查管控工作，突出企业主体责任落实，推动地方政府及部门监管责任落实，确保不走过场、取得实效。

3.4 仓库起火产生氯气泄漏引发中毒事故

2004 年 7 月 22 日午夜，江苏某公司仓库起火，造成近 2000 名居民夜间紧急疏散，5 名消防队员和 6 名居民中毒。

3.4.1 基本情况及事故经过

2004 年 7 月 22 日午夜，江苏某公司仓库突然起火，仓库内堆放的化学物品遇水后产生的氯气迅速向周围居民密集区蔓延，逼近刚刚进入睡梦中的数千名居民。

7 月 22 日晚 11 时 25 分，"110""119"接到报警电话称某处化学品仓库内冒出白色烟雾，同时有大量刺激性气体向周围飘散。第一批到达的消防人员还没靠近仓库就闻到了刺鼻的气味，几名消防人员首先拿着灭火设备冲进仓库，但没几秒钟就被呛得受不了，咳嗽、流眼泪，严重的鼻子开始流血。消防人员立刻意识到气体有毒，而此时大量的烟雾已经开始向周围居民区蔓延。凌晨时分，交警大队在核心污染区开始拉起第一道警戒线，民警、交通巡警等全体出动，将居民带出污染区。在有毒烟雾中，所有出警人员挨家挨户地敲门，说明情况，稳定居民情绪，疏散群众。直到凌晨 2 时，400 多户居民、近 2000 人都在最短的时间内被紧急疏散到了安全地带。

消防部门经过检测，初步认定有毒气体是含氯气体，于是采取沙土和石灰覆盖的方法来控制氯气的蔓延，产生"毒气"的化学粉剂逐渐停止了反应。23 日上午 10 时 10 分，危险警报解除，被疏散的居民又陆续回到自己家中。此次事故造成近 2000 名居民夜间紧急疏散，5 名消防队员和 6 名居民中毒。

3.4.2　原因分析

事故发生后，当地安全监督等部门联合展开了事故调查，认定事故原因为仓库内含有二氧化氯的消毒剂受热遇水发生分解反应，释放出含氯气体，产生刺激性烟雾。

3.4.3　建议及防范措施

针对该起事故，应当吸取深刻的教训并采取切实的防范措施，避免类似事故的再次发生。

① 遇湿易燃物品是指遇水或受潮时发生剧烈化学反应，放出大量易燃气体和热量的物品。有的不需要明火就能燃烧或爆炸，如金属钠、电石等都属于此类物品。遇水易燃物质，除遇水剧烈反应外，也能与酸或氧化剂发生剧烈反应引起燃烧，而且发生燃烧爆炸的危险性比遇水时更大。

② 遇湿燃烧物质应避免与水或潮湿的空气接触，更应注意与酸和氧化剂隔离。在储存遇湿易燃物品时，若储存条件不好，如仓库漏雨、漏水，就有可能引起燃烧爆炸事故，或者形成有毒物质扩散，造成人员伤亡。

3.5　开错阀门导致储罐区连环爆炸着火事故

1997 年 6 月 27 日，北京某厂储罐区发生特大火灾和爆炸事故，造成 9 人死亡，39 人受伤，直接经济损失 1.17 亿元。图 3.4 为爆炸后的事故现场。

图 3.4　爆炸后的事故现场

3.5.1 基本情况及事故经过

1997 年 6 月 27 日 21 时许，北京某厂储运分厂油品车间罐区内发生易燃易爆气体泄漏，21 时 10 分左右，罐体操作室可燃气体报警器报警，21 时 15 分左右，油晶罐体操作员及油品调度去检查气体泄漏源(2 人均在现场死亡)。泄漏气体迅速扩散，与空气形成可燃性爆炸气体。21 时 26 分左右，遇明火(或静电)发生瞬间空间爆炸。卸油泵房由于扩散有可燃性爆炸气体，在爆炸火源由门窗引入后立即发生爆炸，房盖和墙壁向外倒塌。此后，罐区有油和可燃气体的泄漏部位多处着火，并造成破坏。第一次大爆炸时，冲击波将球罐和保温层及部分管线摧毁破坏，造成乙烯罐区大火。随后，着火处附近的其他管线相继被烤破裂致使大量乙烯泄漏。21 时 42 分左右，油品车间乙烯 B 罐发生解体性爆炸。爆炸瞬间，爆炸物在空间形成巨大火球并以"火雨"方式向四周抛散。B 罐爆炸残骸由破口反向呈扇形向西北飞散，打坏管网油气管线后引起大火，并造成周围建筑物的破坏。在爆炸冲击波的作用下，相邻的 A 罐被向西推倒，A 罐底部出入口管线断开，大量液态乙烯从管口喷出后在地面遇火燃烧。A 罐罐内压力升高，顶部鼓起裂开 1m 长的 T 形破口。同时，C、D 罐的出入口管线也相继被破坏，大量乙烯喷出地面后燃烧，造成范围更大的火灾和破坏。

此次事故过火面积达 98000m²，共烧毁罐区内 6 个 10000m³ 的立式储罐(其中轻柴油罐 2 个，石脑油罐 4 个)、12 个 1000m³ 储罐中的加氢汽油和裂解油气储罐，并导致压力罐区的 13 个球形储罐中的乙烯 B 罐解体爆炸，乙烯 A 罐翻倒在原位置西侧，球体上极板附近两处鼓包开裂；乙烯 C、D 罐的 6、7 号柱腿均被烧变形；A、C、D 罐进出料口断裂；充装 C₅ 的球罐因过火严重，其朝向东北的赤道板上缘附近产生了一个长约 3m 的鼓包开裂；罐区内其他各储罐均有不同程度的损坏。同时事故过程中的燃爆，还造成罐区北侧卸油泵房倒塌，卸油一号栈桥和罐区周围建筑物披部分摧毁，部分火车罐车被掀离铁轨或被烧损毁。此次事故造成 9 人死亡，39 人受伤，直接经济损失 1.17 亿元。

3.5.2 原因分析

(1) 直接原因

在从铁路罐车经油泵往储罐卸轻柴油时，由于操作工开错阀门，使轻柴油进入了满载的石脑油 A 罐，导致石脑油从罐顶气窗大量溢出(约 637m³)，溢出的石脑油及其油气在扩散中遇到明火，产生第一次爆炸和燃烧，继而引起罐区乙烯罐等其他罐的爆炸和燃烧。

(2) 间接原因

该化工厂安全生产管理混乱，岗位责任制等规章制度不落实。罐区自动控制水平低，罐区与锅炉房之间距离较近且无隔离墙。

3.5.3 建议及防范措施

针对该起事故，应当吸取深刻的教训并采取切实的防范措施，避免类似事故的再次发生。

① 教育厂领导和职工，切实树立"安全第一，预防为主"的思想，认真完善安全生产规章制度等，落实安全生产责任制。

② 严格操作规程，严守劳动纪律，真正改变纪律松弛，管理不严，有章不循的现象和情况。

③ 切实提高生产装置和储运设施的自动化和管理水平。

④ 有关部门要加强对企业的监督管理及时发现企业存在的事故隐患并督促做好整改工作。

⑤ 认真分析事故原因，总结经验教训，研究制定并演练事故应急预案。

3.6 油罐技术改造违章焊接导致爆炸事故

2000 年 7 月 2 日，山东某厂两个 500m³ 的的油罐爆炸起火，导致 10 人死亡，1 人重伤，直接经济损失 200 余万元。

3.6.1 基本情况及事故经过

2000 年 7 月 1 日，为解决柴油存放一段时间后由棕黄色变为深灰色的质量问题，山东某总厂领导决定采用临淄某个体技术人员的脱色技术，将该厂 307# 罐、308# 罐的柴油，经管道泵注入混合罐，同来自活性剂罐的活性剂混合脱色后，注入 204# 罐储存外销。

7 月 2 日 16 时 45 分，维修班在焊接同 204# 罐相接的管道时，发生爆炸，204# 罐罐体炸飞，南移 3.5m 落下，罐内柴油飞溅着火，同时 204# 罐罐体飞起时，又将该罐同 307# 罐之间的管道从 307# 罐根部阀前撕断，307# 罐中 400 余吨柴油从管口喷出着火，现场施工的 10 名工人被柴油烈火掩盖。307# 罐在 204# 罐爆炸起火后 45min，再次发生爆炸，罐底焊缝撕开 12m 左右，罐内剩余柴油急速涌出，着火的柴油流至附近的操作室时将其点燃。这起事故导致 2 个 500m³ 油罐爆炸起火，造成 10 人死亡，1 人重伤，部分操作室及管排、管架烧毁，直接经济损失 200 余万元。

3.6.2 原因分析

（1）直接原因

事故是在焊接与 204# 罐底部闸板阀对接的管道时发生的。204# 罐以前装过柴油，但已长时间没有使用，罐内约有 15m³ 柴油，阀门以上无油，有充分的挥发空间，挥发后的柴油与罐内的空气混合，形成爆炸性混合气体。7 月 2 日 16 时 45 分，维修班在电焊焊接时，204# 罐内的爆炸性混合气体泄漏进正在焊接的管道内，电焊明火引起管道内气体的爆炸，并且通过板阀阀瓣底部的缝隙，引起 204# 罐内混合气体的爆炸。

（2）间接原因

① 违章作业。成品油罐区为一类禁火区，该厂生产副厂长安排生产设备部和机动车间维修班施工，不仅没有办理一级动火证，也没有通知总工程师、安保部、消防队审查施工方案及进行监督检查的情况下，就开始施工，存在严重的违章作业行为。

② 对柴油性质认识不足。柴油在夏季高温情况下，挥发后积聚于油罐相对密封的上部空间，易形成爆炸性混合气体，遇明火造成爆炸。

③ 307# 罐、204# 罐原设计为消防用清水罐，位于成品罐区西防火堤外侧，当改为柴油储罐后，两罐周围没有再加防火堤，也没有设立明显的禁火标志。

④ 专职安全管理人员安全技术素质低。厂安全保卫部负责安全生产的副部长在巡回检

查中，已发现施工人员在一类禁火区动火作业，但他没有按规章制度制止他们的违章作业，只是在施工人员从车间办的二级动火证上签上自己的名字，代替厂一级动火证，但又没有按一级动火证要求提出防止事故发生的措施。

3.6.3 建议及防范措施

针对该起油罐爆炸事故，企业应当吸取深刻的教训并采取切实的防范措施，避免类似事故的再次发生。

① 设备或管道拆迁。防火防爆场所边生产边动火是很危险的，原则上凡是能拆卸转移到安全地区动火的，坚决不在防火防爆车间内动火。

② 隔离。必须在防火防爆场所动火的，应采取可靠的隔离措施，一般分管道隔离、上下层隔离和设备间隔离。凡可燃气体容器、管道动火，通常采用金属盲板将连接的进出管堵断，必要时应拆卸一截，使动火管道与在用管道完全隔离，切忌依赖原有阀门而不加装盲板。

③ 置换。置换必须彻底。人员不进入容器管道内动火的，其内部可燃气体或可燃蒸气含量一般不得超过 0.5%（体积）。需进入容器作业的，除必须保证容器、管道内的可燃物含量小于 0.5%（体积）外，含氧量应大于 19%（体积）。

④ 冲洗。根据容器的具体情况采取不同的洗涤液，水是常用的洗涤液。冲洗必须注意有进有出，才能使残液及爆炸性水体完全赶出，特别要注意弯头和死角。

⑤ 正压。在化工企业，某些可燃油柜或气柜，可以采取正压不置换动火。这类动火应严格控制氧含量，使容器、管道内不能达到爆炸极限，一般规定易燃易爆气体中氧含量不得超过 1%，并要稳定控制氧含量始终低于安全标准。

⑥ 应急堵漏。在化工生产过程中，有时突然出现设备或管道泄漏，急需动火补焊处理。可是由于易燃易爆材料和环境条件等多方面原因，不宜采取置换动火或正压不置换动火时，可采用增强环氧树脂钻结法进行堵漏。

企业的各级领导及职工，一定要严格遵守安全规章制度，严禁违章作业，同时，要开展全员安全生产规章制度教育与安全生产技术知识教育；增强安全意识，提高安全技术水平与自我防护能力；关键管理岗位，要选用生产管理实践经验及安全技术管理经验、专业知识丰富、技术素质较高的人员。

3.7 粗苯储罐浮盘落底违章动火导致爆燃事故

2016 年 8 月 18 日 15 时 13 分许，太原某公司苯加工分厂罐区装置的 5000m³ 粗苯储罐发生爆燃事故，事故造成该储罐损毁，相邻储罐部分设施损坏，部分防火隔堤和管道、电缆损毁，爆炸冲击波造成四周部分建筑物玻璃破损，事故未造成人员伤亡，直接经济损失 175 万元。

3.7.1 基本情况

（1）企业情况

太原某公司已建成 20×10⁴t/a 己内酰胺装置、10×10⁴t/a 尼龙 6 装置、14×10⁴t/a 己二酸装置、$40×10^4$t/a 硝酸铵装置、$40×10^4$t/a 合成氨装置、$45×10^4$t/a 硝酸装置、$24×10^4$t/a 双氧水装置、$24×10^4$t/a 硫酸装置和 $20×10^4$t/a 粗苯加氢装置。2016 年 3 月 11 日，公司成立了试车指挥领导组。5 月 7 日，公司组织相关专家对总体试车方案进行了审查。2016 年 5 月 11 日该公司分别向省安监局、市安监局、县安监局报送了《建设项目试生产的报告》。至事故发生前，该公司空分、锅炉等装置开始试生产，双氧水装置、硫酸装置、煤气化装置、合成氨装置、硝酸装置、苯加氢装置进行试生产准备。本次事故发生在苯加工分厂储罐装置粗苯储罐。

（2）事故储罐及其罐组设计、施工及工艺情况

① 事故储罐及其罐组布局情况。事故储罐隶属于 1810 罐组，该罐组位于公司北厂区的东南部，共有 16 个储罐，包括 3 个 $5000m^3$ 粗苯储罐。储罐均为内浮顶储罐，配置油气回收系统。事故储罐位于该罐组西南角。

② 储罐设计、施工、监理情况。事故储罐及其罐组，由具有化工石化医药行业甲级资质的浙江某公司设计，资质符合要求；事故储罐由具有压力容器制造资质的山西某公司制作，资质符合要求；罐区工艺配管和电仪安装由具有压力容器制造资质的山西某安装公司安装，资质符合要求；罐组安装工程(含油气回收改造工程)由具有化工甲级监理资质的某监理公司进行监理，资质符合要求；罐区火灾报警设施由山西宏鑫消防工程有限公司进行安装，但至事故前未完成探头调试。

③ 1810 储罐组油气回收改造情况。2015 年 10 月，公司开始储罐油气回收改造。1810 储罐组油气回收采用江苏某公司提供的撬装油气回收设施和工程方案，由山西某公司提供改造工艺流程草图和设备表，由山西某有限公司在施工前制作了配管图，并经过苯加工分厂批准同意。油气回收改造项目包括：在已建成的各储罐上增加氮气管道，改造罐顶通气孔，将各储罐油气通过油气回收管道集中回收至撬装油气回收站。截止事故前，工程尚未全部完工。

④ 储罐验收情况。2016 年 5 月 8 日，由公司机动部牵头，组织原工程部、安全环保部、生产部及苯加工分厂对 1810 罐组进行了内部验收。发现装置存在没有进行氮气置换、气体报警系统未进行调试、罐顶远传压力表未安装等问题，但直至事故前，以上 3 项问题都没有得到整改。

⑤ 储罐工艺状况。事故储罐公称容积 $5700m^3$ (操作容积 $5200m^3$)，直径 21m，罐高 16.5m，最高工作压力 2kPa，储罐内浮盘高度为 1.8m。2016 年 5 月 10 日起，按照公司调度计划，购进 100t 纯苯储存于该储罐(液位已使浮盘升起)，5 月 26 日至 6 月 1 日，购进 251.92t 粗苯储存于储罐，事故前进料后液位高度 0.88m，储罐液相温度 25℃。罐组内其他储罐未进料。因空分装置生产不正常，5 月 26 日至 8 月 9 日，公司向 1810 罐组所在氮气总管间断地送过 5 次氮气，但未安排给事故粗苯储罐进行过充氮保护。

3.7.2 事故经过

2016 年 5 月底，罐区装置在组织对事故储罐进料管线吹扫时，发现泵房内氮气分配台的氮气阀门和进入罐区的氮气总管线阀门存在泄漏现象。8 月 15 日，罐区装置副主任赵某向维保队下达维保任务单，要求改装氮气分配台位置和更换氮气总管阀门。当天，装置专职安全员姜某办理了动火作业证(二级)，维保单位焊工马某等人把氮气分配阀组从泵房内氮气管道上切割下来，但切割后的氮气管口未封堵，与大气完全联通。8 月 16 至 17 日，维保

人员预制好更换了阀门的氮气分配台，更换了内漏的氮气总管线阀门，并将第一道氮气总阀关闭。8月18日上午，计划在泵房北侧氮气管线(与15日动火切割的为同一条氮气管线)上安装预制好的氮气分配台。罐区装置员工崔某负责办理动火安全作业证，确定动火级别为二级，监火人是张某。票证经动火初审人赵某、安全措施确认人郭某、安全管理部门胡某签字同意后，由分厂副厂长常某审批，经当班班长、验票人李某确认后，交给了动火作业负责人郑某。办票证过程中，作业规程要求的进行盲板隔断、可燃气体分析等安全措施均未落实，也未到现场确认，并有严重的代签行为(崔某代替郑某、张某、姜某签字和填写动火安全措施的有关内容)。由于上午公司有外来人员参观，未进行动火作业。18日14时30分，郑某、张某和维保人员马某(动火人)等人将氮气分配台搬到1810罐组泵房北侧，准备作业。15时10分，马某打开氧气点着焊枪，准备开始切割。期间，监火人张某离开动火区，去1810罐组和4810罐组之间进行巡检。15时11分至15时12分，在动火现场的焊工马某切破氮气管线，点燃了氮气管道内的粗苯可燃气体。15时13分，发生了储罐爆燃。储罐爆燃发生时，首先储罐上部气相空间发生爆燃，爆炸压力使得罐顶量油孔喷出黑烟和液体，罐体顶部东南方向通气孔与顶板连接处开裂冒出火焰，罐底部北侧抬起约3m，南侧抬起约4m。随后储罐下部清扫孔在罐壁与底板连接处被撕裂，大量粗苯液体急速喷出，进而南部罐底撕裂，液体急速喷出后形成更大规模的爆燃，随后罐体与底板被整体撕裂分离，整个罐体抬起约7~8m，现场形成火球和蘑菇云。

3.7.3 原因分析

(1) 直接原因

苯加工分厂事故储罐进料后，粗苯液位长期低于浮盘落底位置，储罐内形成爆炸性混合气体，并窜入与储罐相通的开口的氮气管线。在未采取盲板隔断、可燃气体分析和现场确认等安全措施的情况下，违章指挥动火作业切割氮气管线是引发粗苯储罐爆燃的直接原因。

① 事故储罐进料后储存物料液位偏低，浮盘长期处于落底状态，造成储罐内存在大量达到爆炸极限的可燃气体。

② 氮气管线上位于储罐罐顶的截止阀门开启、止回阀正常、调节阀组旁通阀开启，氮气管线构成一个完整的可燃气体扩散通路。

③ 由于未封堵泵房内切割走氮气分配台后的氮气管道管口，引起管道内氮气外泄，储罐内的可燃气体可沿氮气管道逐步扩散到位于泵房内的敞开管口处，从储罐内至位于泵房内的氮气管口可燃气体浓度由高至低呈梯度分布。

④ 动火作业前没有采用盲板彻底隔断管道的安全措施，割断氮气管道时气焊火源引燃了管道内的可燃气体，火焰通过246m长的氮气主管、支管逐步向储罐内传导，火焰传入储罐顶部后，引燃储罐内大量可燃气体，导致储罐内浮盘上部的气相空间爆燃。

(2) 间接原因

① 安全生产责任制落实不到位。公司领导和员工的思想认识还未从基建状态转入试生产状态，安全意识差。内部组织机构调整后，未及时对岗位责任制做出相应调整，安全职责不清、岗位责任不明。安全管理力量薄弱，没有配备管生产和管安全的副职，内部管理不畅通，各层级未能主动有效履职。事故发生后，未按规定及时向有关政府部门和上级主管单位报告。

② 试生产管理不严格。未严格执行危险化学品建设项目试生产和安全设施"三同时"相

关规定，在氮气系统和油气回收设施未正常使用、储罐压力远传监控设施未安装、可燃有毒气体检测报警设施未投用、未明确储罐是否具备安全条件的情况下，违规组织进料。

③ 操作规程和工艺控制指标执行不严格。罐区装置进料前，未按试车方案要求用氮气对粗苯储罐进行吹扫置换。粗苯进料后，未严格执行"严禁浮盘落底"的禁令和"最低液位不得低于2000mm"的工艺控制指标。

④ 动火管理混乱。在本属一级动火的区域按二级动火办理作业票证，在未进行气体分析、动火氮气管道与储罐未可靠隔绝、未到现场进行安全确认的情况下，违规审批，违章动火，审批中有代签现象，监火人擅离动火现场去巡检。

⑤ 工艺、设备变更管理随意。在罐区装置储罐油气回收系统改造中，未对内浮顶储罐改造成带氮封的内浮顶储罐进行风险辨识，未经正规设计，未按规定进行相应的变更管理，未采取相应的措施。改装氮气管线分配台、更换储罐液位计也未按规定进行变更管理。

⑥ 安全教育培训不扎实。二、三级安全培训内容不全面，缺乏针对性，员工学习不认真，考核不严格，未严格组织试生产前特殊作业专题培训。员工对岗位工艺技术、操作规程、规章制度及存在的安全风险等安全知识和规定不熟悉。

⑦ 隐患排查治理不认真。在组织开展的各类排查中，未发现禁令明确要求的浮盘落底隐患和本应关闭的氮气管线旁通阀处于开启状态等隐患，对发现的部分隐患和分厂上报的气体检测报警系统未投入使用等隐患长期得不到整改落实。

⑧ 维保人员动火作业前，未严格按照化学品生产单位特殊作业安全规范要求对作业现场和作业过程中可能存在的危险、有害因素进行辨识，未落实动火前应采取的安全防范措施。项目部对罐区装置维保人员日常管理、教育培训、监督检查、跟踪督导不到位。

⑨ 上级公司监督管理不力。在对该公司检查过程中，对发现的隐患未及时跟踪督促整改，未实现闭环管理；对存在的隐患排查不细致、安全培训不扎实、试生产管理不严格、动火管理混乱等问题失察。

⑩ 市、县两级安全生产监管部门对危险化学品建设项目的安全监管权限和责任认识存在偏差，未能严格按上级要求，对该公司的安全监管权限和责任进行细化。未认真履行属地监管职责，对开展的危险化学品专项整治、特殊作业专项检查未能及时向该公司进行传达落实。工程设计公司未按照GB 50160—2008《石油化工企业设计防火规范》规定，对内浮顶储罐采用弱顶结构设计，导致发生事故时，整个罐体与罐底完全撕裂，事态进一步扩大。

3.7.4 建议及防范措施

（1）牢固树立"安全发展"理念，坚守安全生产红线

各级各部门要牢固树立"安全发展"理念，牢牢坚守"发展决不能以牺牲安全为代价"这条红线，在经济建设发展中，生产与安全发生矛盾时，必须服从安全。要建立健全"党政同责、一岗双责、齐抓共管"的安全生产责任体系，落实属地监管责任，把安全责任落实到领导、部门和岗位。要进一步提高对加强危险化学品安全生产工作重要性的认识，加强对危险化学品建设项目的监管，加大执法和监督检查力度，督促指导企业落实好安全生产主体责任。事故企业和其它化工企业要牢固树立"安全发展"理念和"以人为本、安全第一"思想，严格落实安全生产主体责任，正确处理安全与生产、安全与效益的关系，切实在安全的前提下组织生产；要配齐配强企业领导班子，健全安全管理机构和安全生产责任制，做到一岗一责，并层层落实，做到履职尽责。

（2）严格危险化学品建设项目安全设施"三同时"和试生产管理

事故企业和其他化工企业要深刻汲取教训，进一步加强危险化学品建设项目安全设施"三同时"和试生产管理工作。建设单位在建设工程结束后，要组织设计、施工、监理等有关单位开展"三查四定"，及时发现和整改设计漏项、工程质量、工程隐患方面的问题；试生产前，应确保安全设施和主体工程同时建成和投入生产运行；要做好从项目建设到生产运行的有效衔接，制定周密的试生产方案；开车过程中装置依次进行吹扫、清洗、气密试验时，要制定有效的安全措施；装置投料前，要高度重视易燃易爆装置及其相连公用工程系统的管道阀门安全条件确认和流程确认。

（3）加强化学品罐区安全管理

事故企业和其他有关化工企业要进一步加强化学品罐区安全管理。一是要完善监测监控设施，按要求设置高低液位报警、自动联锁装置和紧急切断阀，加强对各类监测监控报警设施性能及运行情况的维护和检查，严禁未经批准随意停用摘除报警和联锁系统。二是严格执行各项工艺控制指标，对重要工艺参数进行实时监控预警，严禁内浮顶浮盘和物料之间形成空间，特殊情况下确需超低液位操作时，必须采取针对性防范措施。三是慎重开展罐区油气回收改造，暂停使用多个化学品储罐尾气联通回收系统，组织设计单位、专家开展安全论证，论证合格后方可使用。四是定期对罐区设备设施进行检查检测，确保阀门、机泵和储罐安全附件等设备设施完好，有氮气保护设施的储罐要确保氮封系统完好在用。

（4）加强安全生产培训、隐患排查、特殊作业和变更管理

事故企业和其他化工企业要吸取事故教训，切实加强安全生产管理工作。一是加强安全生产培训教育工作，认真组织进行三级安全培训教育，要严格考核，特别是增强培训教育的针对性、实效性和实用性。使从业人员切实熟悉规章制度和操作禁令，熟知危害因素及工艺控制指标，熟练掌握岗位操作规程和应急处置措施，具备岗位安全知识和操作技能。二是要严格按照《危险化学品企业事故隐患排查治理实施导则》，建立完善本单位隐患排查治理制度和机制，明确各级、各部门和各生产单元隐患排查的责任，细化隐患排查内容，采取切实有效措施，全面深入排查安全生产隐患，建立隐患台账，做到隐患排查治理"五落实"和闭环管理。三是要严格按照《化学品生产单位特殊作业安全规范》要求，切实加强动火、进入受限空间等特殊作业管理。要强化风险辨识，落实安全措施，确认安全条件，严格票证审批，加强现场监督检查，严禁监护人员作业中擅离现场。要严格外包作业管理，加强承包商员工培训，做好作业交底；承包、承租单位要加强特殊作业管理，教育督促员工遵照国家和行业有关安全规范进行作业。四是要加强变更管理。要建立完善变更管理制度，对工艺、设备、仪表、电气、公用工程、生产组织方式和人员等方面发生变动时，都要按照有关规定实施变更管理。要辨识变更可能带来的风险，制定相应的安全措施，确保变更具备安全条件。要严格变更程序管理和变更审批管理。

（5）高度重视易燃液体储罐安全设计

事故企业要组织原设计单位对现有常压固定顶罐的弱顶结构设计进行复核，存在问题的，依据现行规范实施整改。其它化工企业也要接受事故教训，切实辨识化学品储罐和连接储罐的公用管线设计、制造和运行安全风险，完善安全设施和安全措施，提高本质安全水平。

3.8 设计和工艺包本质不安全导致储罐爆炸事故

3.8.1 基本情况

宁夏某公司主要从事化工、电力、热力、水泥等制品的生产与销售。2015年2月28日取得安全生产许可证，2016年1月26日完成安全生产许可证变更。

该公司两套10×10⁴t/a BDO(1,4-丁二醇)装置均采用美国INVISTA公司炔醛法生产工艺，以乙炔和甲醛为原料，在铜铋催化剂的作用下生成BYD(1,4-丁炔二醇)，BYD在镍基催化剂的作用下加氢生成BDO，再经浓缩精馏制得BDO产品。装置由某工程有限公司设计，于2011年2月16日在所在地发展和改革委员会完成备案，2011年7月13日通过安全预评价，2011年8月开工建设，2014年7月24日投料试车，2014年8月25日产出合格BDO。项目于2014年7月15日通过消防验收，2015年7月28日通过安全设施竣工验收，12月24日和12月25日分别通过职业病防护设施和竣工环保验收。

炔化工序是BDO装置的中间工序，以乙炔气和甲醛为原料，在已活化的催化剂作用下，在BYD(1,4-丁炔二醇)反应器BY-R8101中生成BYD。当催化剂失活后，反应器烛型过滤器压差高于102kPa，产品采出困难时，需更换催化剂，将废催化剂料浆(主要成分乙炔铜)转移至氮气保护下的废催化剂储罐T8104A/B中(图3.5)。

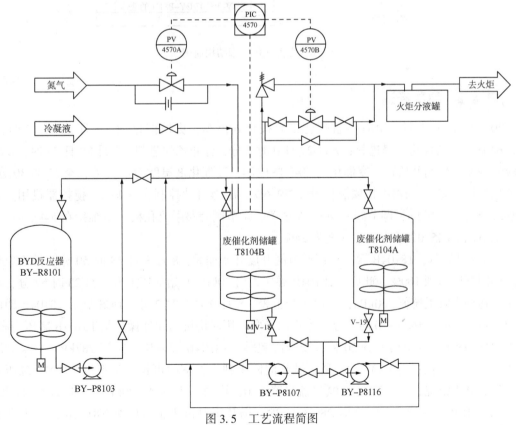

图3.5 工艺流程简图

当废催化剂储罐 T8104A/B 液位升至 10% 时，启动废催化剂储罐搅拌器 MX8104A/B，防止催化剂沉淀结块。废催化剂料浆经压滤后，滤液进入滤液罐，滤饼装桶水封后交有资质的单位处理。日常操作时废催化剂储罐压力控制在 30~260kPa，储罐压力采用分程控制，压力低时打开氮气补压线的调节阀 PV4520A/PV4570A，压力高时打开废催化剂罐放火炬调节阀 PV4520B/PV4570B，将罐内气体排往火炬。

废催化剂储罐材质为 S31603+Q345R，直径 4600mm，罐高 12330mm，壁厚(3+14)mm，设计压力 -0.1~0.35MPa，其顶部安全阀起跳压力 0.35MPa，设计温度为 150℃，容积为 188m³(图 3.6)。

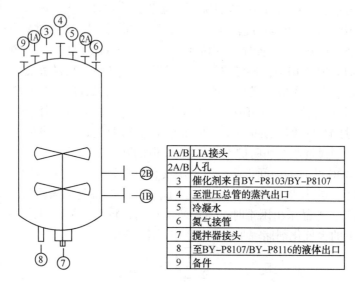

1A/B	LIA接头
2A/B	人孔
3	催化剂来自BY-P8103/BY-P8107
4	至泄压总管的蒸汽出口
5	冷凝水
6	氮气接管
7	搅拌器接头
8	至BY-P8107/BY-P8116的液体出口
9	备件

图 3.6　废催化剂储罐结构简图

3.8.2　事故经过

2016 年 7 月 28 日，BDO 装置炔化二套按计划停车，更换催化剂。7 月 28 日 12 时 14 分，BYD 反应器停止甲醛进料；7 月 29 日 0 时 2 分，停止乙炔进料。7 月 29 日 22 时，BYD 反应器的废催化剂开始转入废催化剂储罐 T8104B，废催化剂温度为 66.5℃，至 23 时 30 分，废催化剂输送完成，T8104B 罐液位升至 79.6%，压力自动控制在 30kPa，搅拌器投用。充氮管线压力为 590kPa，调节阀 PV4570A 全关，调节阀旁路限流孔板流量维持在 54kg/h；排火炬调节阀 PV4570B 投自动，开度为 24%。

8 月 8 日 2 时，T8104B 罐排火炬调节阀开度开始加大，8 月 8 日 18 时 50 分，排火炬调节阀阀门开度达到 100%，此后，T8104B 罐压力由 30kPa 开始加速上升，至 23 时 57 分，罐内压力达到高限报警值 260kPa，发出声光报警。8 月 9 日 0 时 2 分，DCS 显示 T8104B 罐内压力达量程上限 300kPa；0 时 7 分，当班内操耿某用对讲机通知外操杨某 T8104B 罐压力高，让去现场检查确认；0 时 9 分 20 秒，安全阀起跳，T8104B 罐内压力降至 287kPa，30s 后罐内压力再次超量程；0 时 23 分 57 秒，耿某向刚来到中控室的班长于某汇报 T8104B 罐压力满量程和处置情况；0 时 24 分，氮气流量降为 0，罐内压力达到 590kPa；0 时 24 分 27 秒，杨某到达 T8104B 罐顶平台；0 时 28 分 42 秒，杨某用对讲机报告耿某 T8104B 罐顶人孔泄漏，同时呼叫副班长陈某和外操贾某来现场处理。0时30分40秒，T8104B罐顶外部发生第一次爆燃。0时30分47秒，发生较为剧烈爆炸燃烧。0时30分52秒，发生剧烈爆炸燃烧。

该公司消防大队值班人员听到爆炸声后，立即出警，0时35分左右，到达事故现场，3时53分，现场所有明火被扑灭。6时30分，在距T8104B罐东北侧约20m处地面发现杨某遗体。

爆炸造成烆化二套装置废催化剂储罐T8104B罐解体，装置部分设施和周边部分建筑物受损，爆炸TNT当量为53~180kg(图3.7~图3.11)。

事故造成1名外操死亡，直接经济损失713万元。

图3.7 爆炸前情况

图3.8 爆炸中心区破坏情况

顶部人孔泄漏，金属缠绕垫被吹出，10个螺栓松动

图 3.9 上封头及部分筒体(距爆炸中心点 683m)

图 3.10 下部部分筒体(距爆炸中心点 317m)

爆炸位置

南
西

图 3.11 南侧及西侧管廊过火情况

3.8.3 原因分析

（1）直接原因

正常储存条件下，储罐内废催化剂存在缓慢分解，释放出乙炔、甲醛和乙炔铜。由于乙炔铜进一步分解，造成反应热积累，进而产生大量乙炔，使罐内温度、压力急剧上升，罐顶人孔法兰泄漏出的乙炔发生爆燃，随即引发乙炔、BYD和乙炔铜两次爆炸，造成1名外操人员死亡和部分设备设施受损。

（2）间接原因

工艺包方提供的工艺包存在重大缺陷。工艺包提供的操作程序没有催化剂储槽标准操作条件及异常情况下的应急处置程序，提供的安全要求不明确、信息不全面；工艺包中关于含水废催化剂危险特性的说明不足，没有说明催化剂储槽可能出现的反应及防控方法；工艺包没有指出该操作单元在氮封条件下存在分解爆炸的风险。

设计存在严重缺陷。设计单位对工艺包中"对于水来说，如果有足够大的数量存在，那么它能够抵消炔丙醇、催化剂和乙炔的爆炸或分解倾向"的说明没有落实到工程设计中，缺少废催化剂储罐反应失控的工程技术措施。一是废催化剂储罐未设置测温点。二是废催化剂储罐无撤热设计。三是未提供有效的压力高报后的应急处置措施。四是废催化剂储罐设计参数不规范，给储罐制造、使用和管理造成混乱。

工艺指标执行不严格。一是没有严格执行BYD工序停车更换催化剂工艺处理方案中规定的30~97kPa的废催化剂储罐压力指标，实际按30~260kPa控制。二是没有严格执行炔化岗位操作法停车标准中BYD反应器内甲醛含量应小于1%，pH控制在5.9~6.3的规定，实际废催化剂倒入T8104B罐前没有再次分析。

岗位职责不落实。一是内操监盘不认真，内操没有发现压力升高情况。二是内操对工艺报警没有及时响应，没有执行BDO运行部DCS系统工艺报警管理规定，岗位职责履行不到位。三是班长对超压高报不重视，也没有采取紧急处理措施。

企业对废催化剂及储存可能存在的风险认知不足，对废催化剂储罐的间歇运行管理重视不够，没有超压工况下的应急处置程序。

风险评估缺失，设计、生产单位对该工艺存在的风险认知严重不足，风险控制手段和能力缺乏，装置设计存在本质不安全。

3.8.4 建议及防范措施

① 与Invista工艺包提供方进行联系沟通，获得详细的废催化剂在储存过程中危险特性、可能存在的反应及反应机理等信息，督促提供完整的废催化剂在转移、储存、卸装、运输及处置等全过程的标准操作条件、安全信息及异常情况下的应急处置程序。

② 委托科研单位，尽快完成废催化剂危险特性的科学研究。分析在氮封水环境下废催化剂的反应机理和危险特性，据此编制防控措施和应急处置程序。

③ 与设计院沟通，根据工艺包方提供催化剂储槽在废催化剂转移、储存、卸装过程中的安全相关信息，完善工艺指标监测措施，提供在废催化剂转移、储存过程中安全正常运行中的工艺指标及防控措施，装置整改完成后方可按程序组织开工。

④ 加强工艺技术管理。修订完善工艺技术规程和操作法，并严格执行；将开停车过程操作表单化，逐步签字确认；清查现行工艺参数与设计值不符的情况，并与设计院达成一致

意见后，按规定执行；对报警参数全面清查，规范报警管理。

⑤ 进一步按照《加强化工过程安全管理的指导意见》和《化工企业工艺安全管理实施导则》；继续深入开展 HAZOP 分析及整改，在开车前完成 HAZOP 分析和问题整改。

⑥ 狠抓员工基本功训练等"三基"工作。完善后的操作法和应急处置程序组织员工进行培训和演练，考试合格方可上岗；加强班组长、员工等各层次操作人员日常的岗位练兵，加强班组长履责能力的考核，员工的技能考核。

⑦ 强化队伍作风建设。各级领导应深入现场，了解和掌握现场生产实际状况；加强机关部室服务基层单位的力度；对各级员工不履责或者推责现象进行严肃考核。

⑧ 加强员工思想教育，对员工进行心理疏导，加强人文关怀，提升员工士气和责任意识，强化和提高工艺纪律、操作纪律和劳动纪律的执行。

⑨ 全公司范围开展事故案例的学习，汲取事故教训，举一反三查找其他工艺包及设计等方面存在的隐患。

3.9 液化烃球罐倒罐作业时发生泄漏着火爆炸事故

2015 年 7 月 16 日 7 时 39 分，山东某公司液化烃球罐在倒罐作业时发生泄漏着火，引起爆炸，在事故救援过程中造成 2 名消防队员受轻伤，直接经济损失 2812 万元。

3.9.1 基本情况

该公司于 2014 年 4 月以来一直处于停产状态，$100 \times 10^4 t/a$ 含硫含酸重质油综合利用装置项目和 $180 \times 10^4 t/a$ 劣质油综合利用及配套工程建设项目企业均未组织进行安全设施竣工验收。

该公司现有 $100 \times 10^4 t/a$ 含硫含酸重质油综合利用装置、$30 \times 10^4 t/a$ 气分装置及 $5 \times 10^4 t/a$ MTBE 装置、$1 \times 10^4 t/a$ 硫黄回收及 $50t/h$ 酸性水汽提装置、$80t/h$ 酸性水汽提装置、$180 \times 10^4 t/a$ 劣质油综合利用装置、$100 \times 10^4 t/a$ 柴油加氢精制装置、$60 \times 10^4 t/a$ 汽柴油加氢精制装置、$50 \times 10^4 t/a$ 汽油加氢脱硫装置、$15000 Nm^3/h$ 制氢装置、$5000 Nm^3/h$ 变压吸附装置。

发生事故的液化烃球罐区属于 $100 \times 10^4 t/a$ 含硫含酸重质油综合利用装置项目的液化烃球罐区，编号为 311 罐区，共 12 个球罐，东西两排分布，总库容为 $1.5 \times 10^4 m^3$，其中 9 个为 $1000 m^3$ 球罐，3 个为 $2000 m^3$ 球罐，储存介质为液化石油气、丙烯和丙烷。发生事故时，罐区的储存量约为 $3541 m^3$，发生事故的 6# 罐储存液化石油气约 $500 m^3$。球罐由山东某化工设备有限公司于 2010 年 4 月设计，2011 年 8 月制造安装，2011 年 8 月经省特检院检验合格。罐区 2012 年 10 月 12 日投入使用，球罐 2014 年 8 月到定期检验周期。

3.9.2 事故经过

为了对 7# 罐进行专业检测，采取经 7# 球罐底部注水线向罐内注水加压，同时满罐存水的 6# 罐通过罐底脱水线连接临时消防水带向罐区排水井排水，7# 罐内液化石油气通过罐顶低压瓦斯放空线导入 6# 罐的方法，将 7# 罐内的液化石油气倒入 6# 罐。倒罐作业前，311 罐区在用球罐安全阀的前后手阀、球罐根部阀处于关闭状态，低压液化气排火炬总管加盲板隔断。

倒罐作业过程中，当班人员每小时进行巡检，最后一次巡检时间为 16 日上午 7 时 27 分。倒罐作业的同时，两名外来施工女工在 7# 罐的脚手架上从事刷清漆剂作业。7 时 37 分 38 秒，连接 6# 罐底脱水线的排水消防水带发生液化石油气泄漏，消防水带在地面上浮起，且越来越高；7 时 38 分 24 秒，消防水带呈"甩龙"状剧烈舞动；7 时 39 分 20 秒，发生爆燃；9 时 16 分，6# 罐和相邻的 8# 罐底部区域发生爆炸；9 时 27 分 15 秒，8# 罐发生罐体撕裂并爆炸；9 时 37 分 56 秒，6# 罐发生爆炸飞出，现场形成蘑菇云爆炸，并导致 2# 罐和 4# 罐倒塌，2# 罐和 7# 罐着火，多罐及罐区上下管线、管廊支架等设备设施不同程度损坏。第一次爆炸发生后，救援指挥部组织人员撤离到安全区域，并制定维持稳定燃烧的救援方案。7 月 17 日 7 点 24 分左右，现场救援人员关闭最后一处着火点 7# 罐顶部磁翻板液面计的母管阀门后，罐区明火全部熄燃。该事故在救援过程中造成 2 名消防队员受轻伤，直接经济损失 2812 万元。

3.9.3 原因分析

（1）直接原因

该公司在进行倒罐作业过程中，违规采取注水倒罐置换的方法，且在切水过程中无人现场值守，致使液化石油气在水排完后从排水口泄出，泄漏过程中产生的静电放电或消防水带剧烈舞动金属接口及捆绑铁丝与设备或管道撞击产生火花引起爆燃。违规倒罐、无人监守是导致本次事故发生的直接原因。

由于厂区没有仪表风，气动阀临时改为手动操作并关闭了 6# 罐的根部手阀，事故发生后储罐周边火势较大，不能进入现场打开根部手阀、紧急切断阀和注水线气动阀，无法通过向 6# 罐注水的方式阻止液化石油气继续排出；罐顶安全阀前后手动阀关闭，瓦斯放空线总管在液化烃罐区界区处加盲板隔离，无法通过火炬系统对液化石油气进行安全泄放。重要安全防范措施无法正常使用，是导致本次事故后果扩大的主要原因。

（2）间接原因

① 严重违反石油石化企业"人工切水操作不得离人"的明确规定，切水作业过程中无人在现场实时监护，排净水后液化气泄漏时未能第一时间发现和处置。

② 企业违规将罐区在用球罐安全阀的前后手阀、球罐根部阀关闭，将低压液化气排火炬总管加盲板隔断。

③ 通过罐顶部低压液化气管线，采用倒出罐注水加压、倒入罐切水卸压的方式进行倒罐操作，存在很大安全风险，企业没有制定倒罐操作规程，未对作业过程进行预先危险性分析，没有安全作业方案，没有进行风险辨识。

④ 未按照规定要求对重大危险源进行管控，球罐区自动化控制设施不完善，仅具备远传显示功能，不能实现自动化控制；紧急切断阀因工厂停仪表风改为手动，失去安全功效。

⑤ $100 \times 10^4 t/a$ 含硫含酸重质油综合利用装置项目，取得试生产（使用）方案备案告知书前属非法生产。

⑥ 操作人员未取得压力容器和压力管道操作资格证，属无证上岗。

⑦ 安全培训不到位，管理人员专业素质低，操作人员刚刚从装卸站区转岗到球罐区工作，未经转岗培训，岗位技能不足。

⑧ 作为该公司的主管单位，贯彻落实安全生产法律法规不到位，督促企业落实安全生产主体责任和对企业安全生产监督检查不力；对企业监管不到位，校企管理体制不顺，企业产业管理、干部管理混乱；对企业安全生产方针、政策、法律法规、制度等宣传教育不力，

企业干部职工的安全意识不强。

经调查认定，该公司着火爆炸事故是一起较大生产安全责任事故。

3.9.4 建议及防范措施

① 牢固树立安全发展理念

危险化学品企业要按照"五落实五到位"要求，进一步明确和细化企业的安全生产主体责任，建立健全"横向到边、纵向到底"安全生产责任体系，切实把安全生产责任落实到生产经营的每个环节、每个岗位和每名员工。各级政府及其安全监管、行业主管部门要引导和督促企业牢固树立"以人为本、安全发展"理念，切实督促企业自觉遵守安全生产法律法规和标准规范，全面加强安全生产管理。要不断强化安全监管措施，综合运用法律、经济和必要的行政手段，进一步推动企业落实安全生产主体责任，不断增强安全生产保障能力。

② 切实加强液化烃罐区的安全管理

各危险化学品企业要全面加强液化烃罐区安全管理工作。一是高度重视液化烃罐区安全生产工作，强化管理人员、技术人员和操作人员的配置，加强培训，提高罐区从业人员的能力。二是液化烃罐区作业应实行"双人操作"，一人作业、一人监护。除常规的工艺操作和巡检外，凡进入罐区进行的一切作业活动，必须进行风险分析，办理工作许可手续，安排专人全程进行安全监护。三是严禁采用注水加压方式对液化烃进行倒罐置换作业。倒罐作业应采取氮气置换，机泵倒罐工艺。倒入空罐必须事先采用氮气置换，并经氧含量分析合格后方可倒入。四是液化烃球罐切水作业必须坚持"阀开不离人"，做到"三不切水"，即夜间不切水，大雾天不切水，雷、暴雨天不切水。五是石油化工企业在生产装置停工期间，必须保证液化烃罐区安全运行所需要的仪表风、氮气、蒸汽等公用工程的稳定供应，相关安全设施必须完好、有效。对于盛有物料的装置罐区中的作业要升级管理，建立逐级审批制度。

③ 进一步加强变更管理和特种设备安全管理工作

危险化学品企业要制定落实变更管理制度，严格变更管理。当工艺、设备、设施需要发生变更时，要严格履行变更程序，编制变更方案，明确相关责任，组织进行风险分析，制定应急处置方案，并按照要求严格审批。变更实施时，必须进行专门的安全教育培训。要明确变更原因及变更前后的情况对比，告知工作人员工作场所或岗位存在的危险因素、防范措施以及事故应急措施。

要严格按照《特种设备安全法》的规定，加强对压力容器、压力管道等特种设备的日常安全管理，定期进行检测检验，严禁违规使用压力容器、压力管道。安全阀、压力表等安全附件不得采用加盲板、关阀门等方式与压力容器、压力管道隔断，确保其发挥正常功能。特种设备操作人员必须经过专门的安全生产教育培训，并经考核合格、持证上岗。严格遵守操作规程和规章制度，严禁无证人员操作压力容器、压力管道。

④ 加大对"两重点一重大"企业的安全监管力度

各级各有关部门要全面、准确地掌握本地区涉及"两重点、一重大"企业(重点监管危险化学品、危险化工工艺和重大危险源)的安全生产状况，突出抓好泄漏后呈气态的易燃、易爆和有毒危险化学品、大型危险化学品储罐区、毗邻城乡人口密集区的化工企业安全监管。要按照《危险化学品重大危险源监督管理暂行规定》，督促企业进一步完善监测监控、报警联锁和控制设施措施，按规定对安全设施进行检测检验、维护保养，确保安全设施完好有效运行。要深入开展危化品储罐区专项安全大检查，认真排查治理安全隐患，督促企业落实国家有关标准规定，认真执行安全管理制度和安全操作规程。专项大检查务必要做到不漏一企、不留死角、不走过场、务求实效。危险化学品企业停产期间，储罐区存有物料的，一律按照正常生产实施监管。

⑤ 进一步落实安全生产属地监管责任

各级党委、政府及其有关部门要深刻吸取事故教训，认真学习贯彻习近平总书记关于安全生产工作的重要指示精神，严格落实属地管理和"管行业必须管安全、管业务必须管安全、管生产经营必须管安全"的要求，全面落实地方政府属地监管责任和行业主管部门直接监管责任、安全监管部门综合监管责任。要针对本地区化工行业快速发展的实际，研究制定相应的政策措施，增加安全监管力量，加强化工、危险化学品企业安全监管。要提高事故预防能力，进一步创新方式方法，采取"四不两直"、交叉检查、异地执法等形式开展执法检查，彻底排查治理隐患。要提高事故查处和责任追究能力，对发生的事故严肃调查处理和责任追究，对发现事故隐患且不及时整改的，要严肃追究责任。

3.10 含氢气体窜入柴油罐引发闪爆事故

2006年1月20日，安庆某公司储运部802#柴油罐在收焦化和裂解柴油时，发生一起爆炸事故，未造成人员伤亡。

3.10.1 基本情况及事故经过

2006年1月20日，储运部油品作业区802#柴油罐正在收焦化和裂解柴油。802#罐为拱顶式储罐，罐容为10000m³，20日8时，生产记录报表液位为5.7m(2900~3000t)。9时47分左右，当班副班长柯某和操作人员胡某发现802#罐及附近管线振动并伴有明显的异响，随后罐顶爆裂并着火。胡某赶回操作室报警，消防车辆迅速赶到扑灭明火，10时6分完全扑灭。

3.10.2 原因分析

（1）直接原因

事故发生的原因为炼油二部Ⅱ加氢装置反应系统含氢气体经不合格柴油线窜入802#罐，致使802#罐顶撕裂引起闪爆。

（2）间接原因

① 操作人员业务不熟练，不清楚"阀10"为限位阀，致使该阀有开度。

② 开工操作过程中，流程动改三级检查确认不到位。

③ 操作人员和技术人员对该处设置工艺单向阀的设计意图实质上没有领会，对此处高低压窜气的可能性认识不足，流程动改时没有采取严格措施加以防范。

④ 装置检修时工艺单向阀没有检查，"阀14"严重内漏导致本质安全没有保障。

⑤ 操作人员现场动改作业的安全意识不强。

3.11　氨气管道密封损坏导致泄漏事故

2008 年 3 月 17 日，湖北某公司液氨罐区发生氨气泄漏事故，造成约 50 人被紧急疏散，3 人呼吸道不适住院观察治疗。

3.11.1　基本情况及事故经过

2008 年 3 月 16 日下午，湖北某公司液氨罐区维修人员在对氨回收系统进行常规检修时，更换了 2 号储罐弛放气管道连接法兰的石棉垫片，3 月 17 日凌晨，氨回收和弛放气系统相继投入使用。投用半小时后约 4 时许，2 号储罐弛放气管道连接法兰处发生氨气泄漏。3 名操作人员未佩戴任何防护用具，就试图关闭弛放气控制阀，但因现场氨气浓度太大，未能成功，操作人员立即报警求援。消防人员和厂部救援人员赶到现场后，进行紧急救援处置。5 时 40 分，弛放气控制阀被关闭，成功消除漏点。事故造成约 $2m^3$ 氨气泄漏，3 人因呼吸道不适送往医院观察治疗。

3.11.2　原因分析

① 在更换弛放气管道连接法兰的石棉垫片时，未按要求对角把紧法兰螺栓，造成石棉垫片受力不均，密封不严，为事故的发生埋下了隐患。

② 更换石棉垫片后，未对弛放气管道系统进行压力和气密性试验，错失了补救的机会，导致了事故的发生。

③ 现场应急器材配备不足，应急处置能力差。

3.11.3　建议及防范措施

针对该起泄漏事故，该公司应当吸取深刻的教训并采取切实的防范措施，避免类似事故的再次发生。

① 要加强危险化学品检修过程的安全管理，严格执行设备检修安全规程。危险化学品项目的设备检修过程是安全生产事故的多发阶段，应提高员工安全意识，严格按照设备检修安全规程的操作要求，坚决杜绝违反安全作业规程。

② 要加大职工安全教育和应急知识的培训力度，增强职工的安全意识，提高作业人员的应急自救能力。危险化学品事故具有易发性和突发性特点，广大从业人员必须掌握一定的安全知识，不断增强安全意识、提高应急自救能力，才能在突发事故中做到降低风险，减少不必要的伤害。本次事故中，3 名操作人员在氨气泄漏现场末佩戴任何防护用具，就试图关闭弛放气控制阀，导致 3 人呼吸道不适住院观察治疗，属于盲目施救，造成了不必要的伤害。

③ 要加大隐患排查治理工作力度，认真落实安全生产责任制。本次氨气泄漏的事故现场，应急器材配备不够，给救援造成了障碍，导致事故的扩散，增大了事故的影响。氨气具有强烈的刺激性，氨气泄漏事故影响大、危害重，易造成严重后果，涉氨企业和单位更应该加大隐患排查治理工作力度，认真落实安全生产责任制，有效控制安全事故的发生。

3.12 输油管道爆炸火灾事故

2010年7月16日,辽宁某公司原油库输油管道发生爆炸,造成作业人员1人轻伤、1人失踪;在灭火过程中,消防战士1人牺牲、1人重伤。事故造成的直接财产损失为22330.19万元。图3.12为消防队员在火灾现场扑火。

图3.12 消防队员在火灾现场扑火

3.12.1 基本情况及事故经过

2010年7月15日15时30分左右,新加坡某石油公司所属30×10⁴t"宇宙宝石"油轮向该公司原油罐区卸送原油,卸油作业在两条输油管道同时进行。该公司委托天津甲公司负责加入原油脱硫剂作业,甲公司安排上海乙公司在国际储运公司原油罐区输油管道上进行现场作业。所添加的原油脱硫剂由甲公司生产。20时左右,该公司和甲公司作业人员开始通过原油罐区内一条输油管道(内径0.9m)上的排空阀,向输油管道中注入脱硫剂。7月16日13时左右,油轮暂停卸油作业,但注入脱硫剂的作业没有停止。18时左右,在注入了88m³脱硫剂后,现场作业人员加水对脱硫剂管路和泵进行冲洗。18时8分左右,靠近脱硫剂注入部位的输油管道突然发生爆炸,引发火灾,造成部分输油管道、附近储罐阀门、输油泵房和电力系统损坏和大量原油泄漏。事故导致储罐阀门无法及时关闭,火灾不断扩大。原油顺地下管沟流淌,形成地面流淌火,火势蔓延。事故造成103号罐和周边泵房及港区主要输油管道严重损坏,部分原油流入附近海域。

3.12.2 原因分析

(1)直接原因

乙公司违规在原油库输油管道上进行加注由天津甲公司生产的含有强氧化剂过氧化氢的"脱硫化氢剂",并在油轮停止卸油的情况下继续加注,造成"脱硫化氢剂"在输油管道内局部富集,发生强氧化反应,导致输油管道发生爆炸,引发火灾和原油泄漏。

（2）间接原因

① 乙公司违规承揽加剂业务。

② 天津甲公司违法生产"脱硫化氢剂"，并隐瞒其危险特性。

③ 该公司安全生产管理制度不健全，未认真执行承包商施工作业安全审核制度。

④ 该公司未经安全审核就签订原油硫化氢脱除处理服务协议。

⑤ 该公司未提出硫化氢脱除作业存在安全隐患的意见。

3.12.3　建议及防范措施

① 深刻吸取事故教训，切实落实安全生产责任，认真组织开展石油库安全、消防、环保等方面的隐患排查，限期彻底整改。

② 对在建的石油库建设项目进行全面清理整顿。

③ 进一步完善大型石油库和化工建设项目的规划布局。

④ 制订完善我国石油库设计标准，进一步提高安全、环保准入门槛。

⑤ 要深刻吸取事故教训，切实加强安全生产和环境保护工作。

⑥ 各有关部门要切实履行监管职责，全面加强危险化学品安全和环境监管，严防生产安全和环境污染事故发生，切实维护人民群众生命财产安全。

3.13　公路边坡下陷挤断输气管道导致天然气泄漏燃烧爆炸事故

3.13.1　基本情况及事故经过

2017年7月2日9时50分，位于贵州省黔西南州晴隆县的输气管道发生泄漏引发燃烧爆炸，当天12时56分现场明火被扑灭，事故造成8人死亡、35人受伤(其中危重4人、重伤8人、轻伤23人)。经初步分析，当地持续降雨引发公路边坡下陷侧滑，挤断沿边坡埋地敷设的输气管道，导致天然气泄漏引发燃烧爆炸。

3.13.2　原因分析

经初步分析，当地持续降雨引发公路边坡下陷侧滑，挤断沿边坡埋地敷设的输气管道，导致天然气泄漏引发燃烧爆炸。事故性质待调查后认定。

3.13.3　建议及防范措施

为进一步加强油气输送管道保护和安全生产工作，有效防范事故发生，现提出如下要求：

① 立即组织开展油气输送管道周边隐蔽致灾隐患排查整治。立即全面组织排查油气输送管道途经容易发生滑坡、塌陷、泥石流、洪水严重侵蚀等地质灾害地段的风险和隐患，因地制宜，采取加密地质灾害识别评价、科学有效防护等综合措施，及时降低风险、消除隐患，最大限度地减少避免地质灾害对油气输送管道安全运行的破坏。

事发时正值汛期，要进一步加强与气象、国土资源、水利等部门的联系，准确掌握恶劣天气、地质灾害及雨情水情的预测预报，超前采取安全防范措施，扎实做好汛期油气输送管道保护和安全生产工作。

② 切实加强油气输送管道途经人员密集场所高后果区安全风险管控。油气输送管道输送介质易燃易爆，途经人员密集场所高后果区一旦发生泄漏处置不当不及时，极易造成周边人员伤亡，产生恶劣社会影响。油气输送管道企业要认真执行国家发展改革委等五部门《关于贯彻落实国务院安委会工作要求全面推行油气输送管道完整性管理的通知》（发改能源〔2016〕2197号）要求，加快建立完善油气输送管道完整性管理体系，重点加强途经人员密集场所高后果区管段本体和周边安全风险评价，依法组织开展内外检测，加强阴极保护定期监测，严格监护周边施工作业，加密线路标志警示牌和日常巡护，及时消除安全风险隐患。

③ 企业新建油气输送管道项目要严格执行有关规定要求，主动避开城乡规划区，认真做好地质灾害易发多发地区的合理选线和有效防护。有关地方要避免重复规划使用油气输送管道建设用地，减少各类施工活动对油气输送管道安全运行的影响，并与企业建立完善油气输送管道安全联防机制，强化协作配合联动，切实保障油气输送管道周边人民群众生命财产安全。

3.14 流量计旁路阀阀体阀盖分离乙烯泄漏导致爆炸火灾事故

2011年9月8日22时53分，上海某公司乙烯管线在运行过程中，其流量计FQ01001的旁路阀阀体阀盖突然分离，管道内超临界乙烯大量泄漏，引发爆炸和火灾，过火面积约200m²。事故未造成人员伤亡，直接经济损失约80.56万元。

3.14.1 基本情况

事故地点位于该公司东南角公用工程区（OSBL）的超临界乙烯输送计量站区域。事发管道为该公司超临界乙烯管道，全长约40km，按超临界乙烯输送条件设计、施工，于2005年5月建成，7月以气相状态乙烯的输送方式投入运行。该管道的材质为低温碳钢，设计输送能力为0～37.5t/h，设计压力为9.36MPa，设计温度为-10～100℃；操作条件为7.1～7.5MPa，操作温度为38～45℃。按照TSG D0001—2009《压力管道安全技术监察规程—工业管道》，该管道为GC1级压力管道。超临界状态下的乙烯，兼具液态和气态的性质，其密度比低压气态要大，与液态相近；它的黏度比液态要小，但扩散速度比液态快，具有较好的流动性和传递性能。在高压状态下，乙烯是一种可以分解反应的气体，如果管路上出现急剧的绝热压缩（降压），且管路两端压力差超过3.92MPa以上（这是乙烯分解爆炸的临界压力），将容易发生乙烯分解反应，进而可能发生很激烈的乙烯分解爆炸，尤其是在散热较差的小口径的管线上容易发生。

2009年5月，该公司乙烯装置进行扩能改造，采用原超临界输送方式设计，在乙烯装置内增加了两台增压泵，由乙烯装置直接通过超临界系统在公用工程区域并入原乙烯超临界管线进行输送（连接点位于流量计之前）。工程于2009年7月完工，10月16日正式投入运行至事故当日，均运行正常。期间，在该公司乙烯装置检修期间（2011年7月30日到8月19日），通过低温罐系统输送超临界乙烯。

该工艺段流程为：该公司烯烃工厂压力为1.59MPa、温度为-35℃的液相乙烯，经超临界泵11-P-4214增压至约7.1MPa，再经二元制冷热交换器11-E-3215/3216，液相乙烯被加热至36℃，达到超临界状态，由流量控制阀11-FV-34023控制（有温度低-低联锁），经安装在烯烃N1接点的质量流量计11-FQ-34022计量，通过长度为1.9km的管道，并入OSBL（公用工程）乙烯蒸发器82-E-0101出口管线之后，通过流量计82FQ101001计量后输送至使用单位。

经调查，2005年6月20日，该公司与上海某公司签订了《物料管线运行和维护管理协议》，委托该对物料管线进行日常运行和维护管理。但在事发管道使用7年后，该公司未按照TSG D0001—2009《压力管道安全技术监察规程-工业管道》的要求，向检验机构申报全面检验，也未进行在线检验。2008年，该公司在检查中，发现部分压力管道的连接螺栓存在质量问题，进行了大规模排查，但未完全消除事故隐患。

3.14.2　事故经过

2011年9月8日22时53分，该公司乙烯管线，其流量计旁路阀门阀体和阀盖突然分离，管道内超临界乙烯大量泄漏，引发爆炸和火灾。22时54分消防中队接到报警，迅速出动7辆消防车赶赴现场处置。化工区应急响应中心、市应急联动中心先后调集107辆消防车、720余名消防官兵赶赴事故现场处置。22时55分现场外操工向公用装置值班长报告。装置值班长向当班运转经理报告。

9月8日23时2分指令切断低温罐区物料，开启现场三个低温罐的消防水喷淋，同时开启1号和2号消防站的联通阀。指令关闭外送乙烯物料阀门，按照应急预案停车。23时30分火势基本得到控制。23时55分除甲基丙烯酸甲酯装置、废酸处理回收装置和公用工程系统继续运行外，其余装置均相继安全平稳停车。1时30分现场火势得到有效控制。9月9日8时41分火完全熄灭。

3.14.3　原因分析

（1）直接原因

流量计旁路阀的阀门螺栓断裂，引起阀体阀盖分离，导致高压乙烯大量泄漏喷出；高压乙烯大量泄漏产生热量、静电或阀盖崩开撞击平台时产生火花，引发火灾。

（2）间接原因

① 浙江某公司提供的阀门未按照国内相关标准的规定进行型式试验，螺栓碳含量超过标准要求，未进行固溶热处理（或热处理不当）；另外，螺栓在沿海大气环境中长期服役是导致其发生沿晶应力腐蚀开裂的诱因。

② 该公司对采购的阀门螺栓质量把关不严，致使不符合相关标准的阀门使用在装置中，未能从源头杜绝设备隐患；对在用压力管道自行检查时发现的螺栓质量异常情况，未能彻底消除事故隐患。

③ 该公司特种设备管理存在漏洞，事故管道未按国家相关法规要求，未向检验机构申报全面检验，同时也从未对该段管道进行在线检验。

3.14.4　建议及防范措施

（1）采购环节

产品的质量直接关系到安全问题，此次事故的直接原因就是使用了不合格的螺栓，为了杜绝不合格的产品进入生产流程，应进一步完善设备采购相关规章制度，完善内部管理流程，制定相关控制程序，加强对设备、设施以及零配件采购环节的管理，保证设备、设施本质安全，从源头杜绝设备隐患。

（2）检查与维护

此次事故之前的维护和检查中也曾发现过类似的螺栓开裂，对发现的问题予以了处理，但事实证明重视程度和排查力度还不够。建议进一步加强检测和维护，对重点部位的不锈钢螺栓开展地毯式排查，及时消除隐患。增加在线监测报警探头并合理设定报警值。

（3）设计选材

沿海大气环境下的不锈钢开裂已屡见不鲜，设计选材应充分考虑环境的影响，建议在沿海工业大气环境应尽量避免使用环境开裂敏感性较高的不锈钢，或采用合理的隔离环境介质的措施，减少环境开裂的发生。

（4）开展沿海工业大气环境下的应力腐蚀开裂敏感性研究

工业大气中含有二氧化硫、氮氧化物等酸性物质在金属表面形成溶液环境，会造成设备和管道的腐蚀，对承受拉应力的敏感材料还会引起应力腐蚀开裂，造成设备或管道的突然破裂，引发泄漏失效，甚至火灾事故。对于沿海地区，湿度大，工业大气环境的腐蚀问题凸显，并且沿海区域容易形成盐雾，进一步加重腐蚀，还会引发氯离子环境下的应力腐蚀开裂。因此在沿海工业大气环境下不锈钢件的应用应充分考虑环境的影响，并开展沿海工业大气环境下应力腐蚀开裂研究。

（5）重新论证超临界乙烯输送安全性及进行风险识别

充分认识超临界乙烯输送中存在的风险，以及外部环境对现有设施设备所产生的影响，并对其进行深入评估和分析，提出相应的安全防范措施，对工艺改造项目应按照相关规定开展安全评估。

3.15　挖掘机挖穿丙烯管道遇明火发生空间爆炸事故

2010 年 7 月 28 日 10 时 11 分左右，扬州某公司在某塑料厂旧址，平整拆迁土地过程中，挖掘机挖穿了地下丙烯管道，丙烯泄漏后遇到明火发生爆燃。事故最终造成 22 人死亡，120 人住院治疗，其中 14 人重伤（包括抢救无效死亡的 3 人），爆燃点周边部分建（构）筑物受损，直接经济损失 4784 万元。

3.15.1　基本情况

1997 年起，该公司施工队伍负责人邵某在南京开始承接拆除工程。先后用扬州某公司等 3 个公司资质承接事发地区房屋拆除工程。

2009 年 5 月 5 日，该地区街道办事处(以下简称"办事处")在未进行招投标(包括议标)的情况下，指定邵某拆除塑料厂地块房屋，邵某将拆除工程又分给董某、陆某两人。事故发生当日下午，邵某以某公司名义与办事处补签了地块"拆除工程施工协议书"和"安全协议书"，补签落款时间为 2010 年 5 月 17 日。

塑料厂地块内共有两条丙烯管道从地下穿越，其中一条管道直径 89mm，输送距离约 10km，压力 2.2MPa，流量 10 L/s，建于 1992 年，事故发生时，该管道正常输送丙烯。

另一条为事故管道直径 159mm，输送距离约 5km，压力 2.2MPa，流量 50 L/s，建于 2001 年，2002 年投入使用。

5 月 6 日，邵某等人进场开始房屋拆除工作。其中，邵某将 15000m² 左右面积分给董某负责拆除，其余的分给陆某负责拆除。当日，塑胶公司安排生产运行部副部长蒋某和巡线员陈某，与邵某、董某以及塑料厂 3 人一起到现场，实地察看、指认了地下丙烯管道的位置和走向，并用油漆进行了标注。随后塑料厂制作了 10 块警示标牌，钉在蒋某指认区域沿线的树上。但调查发现，塑胶公司指认的 φ159 管道的位置和走向与实际不符(与实际走向平行向东偏差了 50m)。

5 月 7 日，王某和邵某签订了拆除安全协议，协议中提到塑料厂地下有液化气体管道，开挖前必须经有关部门和塑料厂同意。

5 月 11 日，塑胶公司向塑料厂送达书面告知函，明确告知该厂区域内有地下丙烯管道，不得随意开挖，并复印一份告知函交给邵某。同日，塑胶公司也向办事处发函，请求协调塑料厂拆除中的安全事宜。

5 月 19 日，办事处经济科副科长盛某组织塑胶公司蒋某等两人、邵某、王某，召开"丙烯管道安全协调会"，就塑料厂房屋拆除过程中穿越地下丙烯管道安全管理问题，对塑胶公司、邵某和塑料厂分别提出了要求。

至 6 月 2 日，董某负责的塑料厂南大门主道路西侧地块拆除范围内除一栋办公楼、一座配电房、南大门一间门卫室外，地面上其余建(构)筑物均已拆除完毕。

3.15.2 事故经过

2010 年 6 月 2 日，董某拆除塑料厂地面房屋时发现地下有废旧管道，准备挖掘地下废旧管道谋利。7 月 26 日下午董某联系陆某借用挖掘机，7 月 28 日 6 时 30 分董某指挥方某继续在配电房附近挖掘地下废旧管道，因担心挖掘作业时触电，董某擅自剪断配电房输出线路，致塑料厂办公楼停电。挖掘将细管子挖穿，随即喷出 2～3m 高的"白烟"，方某立即用挖掘机挖一斗土试图堵住泄漏口，但未果。董某见未堵住被挖穿的管道破口，就离开现场并电话告知邵某。方某也将挖掘机开离现场，停在塑料厂南大门主道路东侧的道路上后立即离开。9 时 50 分许，王某看见配电房西侧泛起一股"白烟"，意识到丙烯管道被挖穿泄漏了，马上返回二楼办公室，让马某(塑料厂留守职工之一)立即报警。9 时 54 分，马某用办公电话向 119 报警，称"穿越塑料厂厂区内的丙烯管道被挖破泄漏"，接着又通知蒋某。随后，王某和其他留守人员向厂区外撤离。10 时许，董某撤离到塑料厂南大门时遇到王某等人，稍许两辆消防车也到达四厂南大门。10 时 10 分泄漏扩散的丙烯遇到点火源后引发爆燃，随后泄漏口处燃起大火，伴有浓烟。

3.15.3 原因分析

(1) 直接原因

施工队伍盲目施工，挖穿地下丙烯管道，造成管道内存有的液态丙烯泄漏，泄漏的丙烯蒸发扩散后，遇到明火引发大范围空间爆炸，同时在管道泄漏点引发大火。

(2) 间接原因

① 现场施工安全管理缺失，施工队伍盲目施工。现场作业负责人在明知拆除地块内有地下丙烯管道的情况下，没有掌握地下丙烯管道的位置和走向，违章指挥，野蛮操作，造成管道被挖穿。

② 违规组织实施塑料厂地块拆除工程；违反区政府旧房拆除工程应公开招投标的规定，直接指定某公司组织的施工队伍负责塑料厂地块的拆除工程，且未履行业主应承担的安全管理工作职责。

③ 在发现塑料塑料厂厂区内有机械施工作业，可能危及地下丙烯输送管道安全时，未能有效制止施工队伍的野蛮施工，负有监管不力的责任。

3.15.4 建议及防范措施

(1) 加强城镇地面开挖施工安全管理，加强对城镇地面开挖施工作业和拆迁过程的安全监管，建立作业报批制度。

(2) 合理规划城市布局，保证安全距离达标，及时调整地下管网布局，提高规划的科学性和前瞻性。

(3) 要建立管道装置设施的自动控制系统和安全监控系统，着重加强对地下管道安全距离不达标且目前不具备搬迁条件的危险化学品企业的安全监管。

(4) 加强危化企业、政府主管部门和社区居民三者之间的风险沟通，可以让政府主管部门明确监管重点，更使得社区居民明确社区周围所存在的危险和发生事故时应采取的应急避险措施。

(5) 加强拆除开挖工程的现场管理，杜绝违章、蛮干现象。

(6) 加强公共区域地下输送管道的管理。

(7) 建立健全公共区域输送管道安全管理综合协调机制。

3.16 液氨充装时发生泄漏中毒事故

2005 年 7 月 21 日 14 时 40 分左右，荆门某公司环保车间在进行液氨充装时发生一起液氨泄漏中毒事故，造成 3 人受伤。

3.16.1 基本情况及事故经过

2005 年 7 月 21 日 14 时 40 分左右，一辆液氨罐车，在荆门某公司环保车间综合利用装置的液氨充装场地进行充装液氨，当班操作工王某将液氨装车软管（直径 50mm）与槽车连接好后，经检查确认，到液氨储罐底部，（ V517/1，ϕ2400×30×8820）将其出口阀和泵–505 跨线阀打开（没有开泵），液氨通过储罐自压装车。

15时10分左右，王某从装车台到液氨储罐去检查液位后，然后返回装车现场。15时13分，王某行至装车现场检查装车情况时，液氨装车充装软管突然崩断为3节。液氨分别从槽车和装车管线泄漏出来，王某立即跑向泵-505关闭跨线阀，切断了液氨装车流程；槽车随车人员立即关闭了槽车上的紧急切断阀，15时16分液氨泄漏得到控制。

事发当时，槽车司机何某站在下风方向，吸入了少量氨气，被随车押运员引出现场。此时，位处液氨装车台西面更衣室里，因遭雨淋正在换衣服的环保车间综合利用装置操作工马某、朱某闻到刺鼻的液氨气味感到难受，随即向外撤离更衣室。朱某出门后向西北面绕过了泄漏区，受伤较轻。马某出门后受氨气刺激睁不开眼睛，向东误入泄漏区，不慎摔倒，造成右尺骨骨折。此时，液氨泄漏已得到控制，马某爬起来走出了泄漏区，被赶到现场救援的车间职工搀扶到附近的洗眼器旁用大量清水冲洗。15时18分，消防大队的气防人员赶到事故现场，将马某、朱某和槽车司机何某送到市石化医院治疗。

3.16.2　原因分析

（1）直接原因

液氨充装液相软管爆裂是发生事故的直接原因。经查，液相连接软管生产单位是河北省某石油液化气配件有限公司。

事故发生时，液氨充装系统生产稳定，现场液氨储罐压力1.1MPa，储罐没有超压，安全阀工作正常（安全阀定压1.57MPa）。排除了系统超压充装现象，液氨充装软管是在操作使用条件下发生的破裂。

经现场查看，液氨充装软管管径为50mm，总长为3m，分别断裂成0.23m（带法兰）、1.43m（中间段）和1.62m（带快速充装接头）3节。从充装软管断裂成3节的情况分析，软管是从中部先爆裂，随后在冲力作用下将充装软管法兰连接处拉断并甩16m远。解开缠裹在软管外表的抹布，发现充装软管中间段橡胶有明显的磨损，管子中段裂口附近的网状钢丝裸露且锈蚀严重。

事故调查组分析认为充装软管液相管爆裂是由于软管使用超期，强度降低所致。

（2）间接原因

① 环保车间没有制定液氨充装软管的有关管理制度，没有及时对有明显磨损的液氨充装软管进行更换。液氨充装现场充装设施简陋，充装软管露天摆放，长期日晒雨淋，加速了软管的老化，进一步降低了其强度。

② 液氨充装软管采购、领用程序不规范。发生爆裂的软管时2004年3月25日由生产车间直接到供货商处提的货，供应处在采购软管的过程中，没有严格执行规章制度，把关不严，至使没有取得所购产品说明书，也没有进行质量验收。车间设备管理人员对领来的软管没有了解其性能就使用，给安全生产留下隐患。

③ 现场充装液氨的操作工履行监护职责不到位，没有在装车前告知周边人员避开充装现场。槽车驾驶员缺乏自我保护意识，液氨充装时应避开下风口，两名操作工在液氨装车时不应该再进入更衣室换衣。

④ 环保车间液氨充装作业安全管理制度规定不细，车间管理人员没有严格履行职责，干部职工安全教育不深入，没有严格落实对液氨充装车辆资质的检查。

3.17 液氯槽车在卸液氯过程中软管爆裂导致氯气泄漏中毒事故

2004年7月27日12时50分，上海某公司聚氨酯事业部一辆液氯槽车在卸液氯过程中，金属软管中间突然爆裂，导致氯气泄漏，致使部分职工和周边群众吸入氯气感到不适，前后共有48人到医院接受诊治。

3.17.1 基本情况及事故经过

2004年7月27日12时50分，上海某公司聚氨酯事业部环丙装置液氯工段，一辆液氯槽车在卸液氯过程中，金属软管中间突然爆裂，操作工立即按应急预案要求，启动液氯及氯气管道自动切断阀门，同时佩戴空气呼吸器关闭槽车阀门。整个处理过程约3min，期间约有200kg液氯外溢，散发的氯气随风飘至事业部3号门外，致使部分职工和周边群众吸入氯气感到不适，前后共有48人到医院接受诊治。

3.17.2 原因分析

（1）直接原因

① 连接液氯槽车与装置之间的金属软管发生爆裂，导致液氯泄漏。

② 金属软管的正常操作压力是0.7~0.8MPa，由于操作不当使压力达到1.48MPa而发生爆裂；而金属软管的质保压力是1.6MPa，说明金属软管的质量没有达到设计要求，这是导致软管爆裂的直接原因。

（2）间接原因

槽车驾驶员在软管爆裂的时候没有关闭槽车上的截止阀，而立即逃离现场，等操作工戴上空气呼吸器去关闭阀门，延误了处理时间，导致泄漏量增加，这是造成事故后果扩大的原因。

3.18 白油槽罐车除锈作业时发生闪爆事故

2006年6月29日15时30分，杭州某厂承包商建筑工程公司4名油漆工，在对一白油槽罐车进行除锈作业过程中，白油槽罐车发生闪爆，造成2人死亡，1人受伤，直接经济损失38万元。

3.18.1 基本情况及事故经过

杭州某厂自备白油槽罐车经过铁路部门指定单位危化品罐车清洗站清洗合格后，于6月27日停入栈道，6月机修计划内外油漆。6月29日12时30分左右，该建筑工程公司4名油漆工带除锈工具进场作业，先在外面除锈，后在未办理任何作业证的情况下，吴某、徐某、邓某 3 名油漆工擅自进入槽罐车内作业。15 时 30 分左右，槽罐车发生闪爆，并有火苗从人孔处窜出。两名油漆工自己从人孔处爬出，另一人被营救人员拉出。营救中紧急出动消防水灭火，约 1~2min 后，火被扑灭，同时 3 人紧急送往医院抢救。吴某、邓某经抢救无效死亡。

3.18.2 原因分析

（1）直接原因

承包商在清洗槽罐车内壁时，违规使用常温下极易挥发的溶剂油，导致罐内可燃气体积聚，达到爆炸极限，违章操作将不符合防爆要求的破损闸刀和非防爆电气设备带入罐内，在移动时可能产生火花，从而导致事故发生。

事发当天该承包商负责人未办理进入受限空间、临时用电作业证，擅自允许 3 名员工进入罐内作业，严重违反该厂安全管理规定。

（2）间接原因

对长期在厂内从事零星工程的承包商的作业现场安全监管不力。管理部门对承包商的施工资质、安全资质审核不严，安全教育不细，施工队伍的整体素质偏低。项目施工管理部门作业简单粗糙、施工程序不明确。所在车间对进入其管辖范围承包商的施工作业熟视无睹，监管不力，业主意识差。安全监管部门考核不严，安全教育不扎实，责任制落实不到位。

3.19 静电积聚导致槽车爆炸事故

2004 年 1 月 24 日 20 时 45 分，山东某油库卸完 93# 汽油，在打开鹤管上放气阀门过程中，槽车发生爆燃，造成 1 人死亡，1 人重伤。

3.19.1 基本情况及事故经过

2004 年 1 月 24 日 20 时 45 分，山东某油库卸完 93# 汽油，在打开鹤管上放气阀门过程中，槽车发生爆燃，将正在槽车上作业的接卸员张宝成打到车下，抢救无效死亡。班长白某被打倒在车上后摔到车下，造成右腿膝盖粉碎性骨折。

3.19.2 原因分析

在作业过程中产生静电积聚，在打开放空阀门时放电，导致槽车内油气发生爆燃。

3.20 槽车人孔盖轴销螺母焊死时发生爆炸事故

2003 年 5 月 26 日 9 时 20 分，北京某公司销售部运输分部施工人员在对指定的槽车人孔盖轴销螺母焊死过程中，发生爆炸事故，造成 1 人死亡。

3.20.1 基本情况及事故经过

2003年5月26日8时，该销售部运输分部设备科科长姜某根据副部长王某的安排，要求车辆班班长邵某将指定的槽车人孔盖轴销螺母焊死以防被盗。邵某接到任务后填写了动火证，销售部安全责任工程师赵某安排张某负责动火现场的分析。8时30分左右，张某到达火车检修库现场，按照邵某提供的车号，逐一对需要焊接的火车槽车人孔盖轴销附近环境进行检测，分析数据由邵某填在动火证上，约9时全部测完。事发槽车是第五个检测的，分析可燃物为0ppm。现场分析后，邵某执动火证先后到赵某办公室、运输分部会议室找赵某和副部长、安全主管王某签字。

动火证办理完毕，班长邵某、动火执行人王某、监火人徐某、李某4人进入检修现场进行作业，前4个车作业完毕后，邵某将电焊机移动到位后，王某拿石棉布上事发槽车，用手将人孔盖螺栓拧紧，并将浸湿的石棉布蒙在人孔盖上，监火人徐某站在消防栓旁，李某站在该车下方。9时20分左右，王某开始对轴销螺母施焊，在焊接大约有1cm长度时，槽车内发生了爆炸，气浪将人孔盖崩开，检修库房顶被冲开一个3~4m²的洞。事故造成作业人员王某死亡。

3.20.2 原因分析

（1）直接原因

由于人孔盖紧固螺栓仅用手拧，不能有效密封，而轴销处的结构使石棉布也无法盖严，施焊处离人孔盖周边也仅十几厘米，焊接过程中产生的飞溅火星引燃人孔盖缝隙中的气体，回火至槽车内部，继而引爆槽车内的爆炸性混合气体。

（2）间接原因

① 现场气体分析不到位。此次槽车焊接作业是在槽车外部，但由于槽车人孔盖封闭不严，在动火过程中必将对槽车内部的气体产生影响，但分析人员对此认识不足，仅对槽车外部环境进行了气体检测而未对内部气体情况进行分析，致使内部残存可燃气体未检出，导致此次事故发生。

② 槽车未按规定进行清洗置换。《安全技术规程》规定：在有易燃易爆、有毒有害物质的设备、管道、容器等部位动火，必须先切断气、液源，泄压，加堵合格的盲板，彻底置换、清洗，并取样分析合格。但此次作业过程中，从部领导、设备科长、安全管理人员直至现场工作人员均未认识到需对车辆进行清洗置换，导致槽车内可燃气体积聚，引发爆炸事故。

③ 销售部运输分部安全管理存在漏洞。领导安全意识不到位，危险预知能力不足，未按《安全技术规程》规定要求组织对含有易燃易爆物质的槽车进行清洗置换；在签发动火证过程中，部领导、安全管理人员监护不到位，未对防护措施进行检查确认，就同意现场动火；动火执行人未认真履行动火执行人职责，对动火过程中产生的危险认识不足，动火安全措施不落实。各级人员的管理不到位导致此次事故发生。

3.21　运输氯酸钠车辆隧道超速燃爆事故

3.21.1 基本情况及事故经过

5月23日，张石高速来源段浮图峪5号隧道内，发生一起严重交通事故，一辆运气体的罐车发生爆炸，并引燃前后 5 辆运煤车燃烧，造成人员伤亡。

事故发生后，省公安厅成立了由市公安局、县公安局刑侦、法制、交警等部门组成的专案组，对运输甲公司及氯酸钠生产企业乙公司进行全面调查。询问了甲公司和乙公司法人代表、管理人员、监控人员等相关人员；查阅了甲公司相关资质、证照、管理制度、培训资料和所属司机及车辆的资质、年审资料；调取了车辆行驶轨迹。

3.21.2　原因分析

此次事故是一起由于运输甲公司未落实主体责任、对驾驶员、押运员安全教育、培训、监管不到位，运输危化品车辆驾驶员、押运员违反危险物品管理规定，在限行时间行驶、疲劳驾驶、超速行驶、未悬挂危险标识牌行驶，致使运输氯酸钠过程中发生爆炸的重大事故，涉嫌重大责任事故犯罪和危险物品肇事犯罪。

5 月 25 日，县公安局对此次重大责任事故案进行立案侦查，对张某等 5 名企业安全管理责任人以涉嫌重大责任事故犯罪，采取了刑事强制措施。

以上事故的发生，充分暴露出企业经营者安全意识淡薄、内部管理不规范、不到位，车辆动态监控制度、车辆技术状况定期维护制度形同虚设，车辆长期承包经营，对车辆只收费不管理，车辆、驾驶人自由安排，驾驶人录入不把关、安全教育制度不落实、安全意识淡薄等重大交通安全隐患。

3.22　罐车前轮爆裂导致液氯泄漏事故

2005 年 3 月 29 日晚，一辆在京沪高速公路行驶的罐式半挂车在江苏淮安段发生交通事故，引发车上罐装的液氯大量泄漏，造成 29 人死亡，直接经济损失 1700 余万元的特大事故。图 3.13 为事故现场正在泄漏液氯的储罐。

图 3.13　正在泄漏液氯的储罐

3.22.1 基本情况及事故经过

2005年3月29日晚6时50分,一辆由山东开往上海的载有35t液氯的山东籍槽罐车,在行驶到京沪高速公路淮安段时,左前轮突然发生爆裂,车辆发生倾斜,进而撞上前方的一辆正常行驶的货车。两车相撞后,被撞的货车驾驶员当场死亡。槽罐车驾驶员康某和押运员王某丢下已经翻倒的发生泄漏的车辆后逃逸。7时20分,淮安交警支队接到报警开始进行抢救,但是,由于肇事司机和押运员逃逸,延误了最佳抢险救援时机,造成29人死亡,436名村民和抢救人员中毒住院治疗,门诊留治人员1560人,10500多名村民被迫疏散转移,大量家畜(家禽)、农作物死亡和损失,已造成直接经济损失1700余万元,并导致京沪高速公路宿迁至宝应段(约110km)关闭20h。

3.22.2 原因分析

(1)直接原因

① 这辆肇事的重型罐式半挂车核定载重为15t的运载剧毒化学品液氯的槽罐车严重超载,事发时实际运载液氯多达40.44t,超载169.6%,而且使用报废轮胎,安全机件也不符合技术标准,导致左前轮爆胎,在行驶的过程中槽罐车侧翻,致使液氯泄漏。

② 肇事车驾驶员康某、押运员王某在事故发生后逃离现场,失去最佳救援时机,直接导致事故后果的扩大。

(2)间接原因

① 危险化学品运输车所属中心疏于安全管理,所运载液氯的生产和销售单位山东某公司被有关部门证实没有生产许可证,该中心也没有履行监督和检查的职责,未能及时纠正车主使用报废轮胎和车辆超载行为。

② 专业人员在检查过程中发现该车押运员缺乏应有的工作资质,没有参加相关的培训和考核,不具备押运危险化学品的资质,也不具备危险化学品运输知识和相应的应急处置能力。这是事故发生乃至伤亡损失扩大的另一个重要间接原因。

3.22.3 建议及防范措施

(1)针对该起事故应当吸取的教训

① 企业多头管理,政府责任不明、监管乏力,导致无证、非法运输企业大量存在。

② 运输企业从业人员素质低下,企业只求利润,不顾安全,从业人员缺乏必要的危险物品常识,遇紧急情况处置不当,措施不力。

③ 危险物品运输车辆超载普遍,转运困难。危险物品运输车辆为了降低成本,多创经济效益,普遍存在多拉快跑现象。

④ 交管部门职权所限,难有作为。由于交管部门长期在公路沿线巡逻执勤,对危险品运输车辆路途的情况比较了解,但现行的管理制度却没有赋予交管部门相应的职权,相关的规定也十分抽象,缺乏操作性。

(2)针对该起事故应当采取的防范措施

① 抬高危险品运输市场准入门槛,加强从业人员业务培训,促进危险品运输规范化、专业化。

② 加强对公众的安全教育，做好科普的普及工作，多了解危化品的知识和防护自救知识。

③ 部门联运，信息互动，充分发挥交警部门的职能作用，强化对危险品运输车辆路途上的监管。

④ 加强突发事件处置预案建设，实行专家指导，科学处置，减少处置人员的自身伤亡。

3.23 粗酚运输罐车翻车泄漏事故

3.23.1 基本情况及事故经过

2008 年 6 月 7 日 5 时许，一辆槽罐车装载 33.6t（核载 22t）粗酚在高速公路上发生交通事故，槽罐车翻车，车辆严重解体，罐体、车架和驾驶室分离，造成驾驶员、押运员和货主 3 人当场死亡。罐体滚下路基 10 余米，罐体破裂，罐内 33.6t 粗酚液体除少部分被树叶、土壤和当地一家木材加工厂的细木灰吸附外，大量粗酚液体沿高速公路截洪沟流入河流，造成环境污染事故；污染物随水流向下游水库方向扩散，威胁水库环境安全。

3.23.2 原因分析

（1）直接原因

① 运输单位湖南某公司承运粗酚的肇事运输车严重超载，行车证核定载质量 22t，实载 33.6t，超载 11.6t；一车多证，在车上还有另外 2 副车牌。

② 因夜间行驶，加之道路坡长、雾大，雨后路滑，驾驶员安全意识淡薄，疲劳驾驶，冒险行车，发生翻车事故。

（2）间接原因

① 发货单位云南某公司没有严格执行国家安全监管总局、公安部、交通部《关于加强危险化学品道路运输安全管理的紧急通知》有关要求，没有认真核对承运车辆核载质量，给承运车辆超量充装，形成重大事故隐患。

② 危险化学品道路交通运输隐患排查治理工作存在薄弱环节。罗富高速属山岭高速公路，陡坡多，弯道多，气象多变，极易发生车辆失控，引发交通事故。危险化学品运输车辆对罗富高速的交通安全构成了威胁，特别是一些超装、超载的危险化学品运输车辆对罗富高速交通安全威胁更大。在交通隐患排查治理工作中，地方有关部门没有给予高度重视，对超装和超载、安全条件差的车辆查禁力度不足，该路段事故频发。

③ 地方政府有关部门的安全生产监管主体责任落实工作有待加强。2008 年 2 月 14 日，国务院安委会办公室对云南省 2 月 11 日交通事故引发浓硫酸泄漏事故情况进行通报，时隔不足 4 个月，云南省境内又发生同类事故，并且引发了环境污染。这些事故暴露出地方政府有关部门在危险化学品道路运输安全监管方面，没有深刻吸取事故教训、采取有效预防措施，同类事故接连发生，严重威胁人民群众生命财产安全。

3.23.3 建议及防范措施

该起事故不仅造成了人员伤亡，还污染了周边环境，威胁到当地群众的生活用水安全。针对此类事故，必须采取切实措施避免事故的再次发生。

① 要认真落实企业安全生产主体责任

危险化学品运输企业要加强对营运车辆特别是长期在外地营运车辆的管理，通过 GPS 等技术手段，加强对营运车辆的监控；加强对驾驶员和押运员的安全教育，逐步养成和强化安全意识；保障安全投入，认真做好运输车辆的定期检测和维护保养。

② 各地要建立危险化学品道路运输事故协查工作机制和工作制度

明确牵头单位以及发展改革、公安、卫生、交通运输、环保、质监、安全监管等部门的职责分工。明确信息通报、调查核实、责任追究、实施处罚、公告结果等方面的工作要求，加大对危险化学品道路运输事故查处的力度。

③ 要加强对危险化学品充装单位的安全监管

安全监管部门要采取有效措施，监督危险化学品充装单位加强管理，增强责任意识，切实落实企业安全生产责任制。对危险化学品充装单位将危险化学品委托没有资质的运输企业或车辆承运、超装、超载等问题，要依法给予行政处罚。

④ 对特殊路段要采取特殊措施，进行特殊管理，实行重点整治

各地区、各有关部门要加大重点路段隐患排查力度，对坡长、坡陡、弯多、雾多且事故多发或易发的危险路段，要严格限制危险化学品运输车辆、严禁超载的危险化学品运输车辆通行危险路段。

⑤ 要加大危险化学品道路运输隐患排查治理工作力度

督促危险化学品充装、经营和运输企业加大隐患排查治理工作力度。公安部门要加强道路通行监管，严格查处危险化学品运输车辆无证运输危险化学品、不按规定时间和路线行驶、超速行驶等违法行为；交通运输部门要加强危险化学品运输单位的安全管理，遏制危险化学品运输车辆故意超装、超载，驾驶人员疲劳驾驶等违法行为；安全监管部门要监督危险化学品充装单位加强安全管理，严禁超装、混装。

3.24 甲醇罐车停车场倒车致爆炸事故

2005 年 10 月 12 日 17 时 10 分左右，一辆装有甲醇的空槽罐车在某处停车场倒车时发生爆炸，造成 4 人死亡。

3.24.1 基本情况及事故经过

2005 年 10 月 12 日 17 时 10 分左右，一辆装有甲醇的空槽罐车在停车场倒车时突然发生爆炸，车内包括司机在内的 2 人当场死亡；1 名路过的老人和 1 名小孩也不幸遇难。据当地的目击人讲，爆炸前司机为了将罐车穿过某一楼房的过道，反复倒车 30 多分钟；倒车时，汽车罐体上部的呼吸孔与建筑物横梁曾不停的产生碰撞。

3.24.2 原因分析

该汽车罐车内的介质为甲醇,属易燃液体,其闪点为 11.11℃,沸点为 64.8℃,爆炸极限为 6.7%~36%,在 21.2℃时蒸气压力在 100mmHg。甲醇在运输过程中,由于易燃液体电阻率较大,易产生静电,当静电积聚到一定程度和一定的条件时就会放电,引起着火和爆炸。

由于倒车时司机心急且操作过猛,导致罐内介质摩擦产生高温和静电火花,点燃可燃物并激发了能源,引起罐内可燃液体燃烧爆炸。

该司机原驾驶该罐车曾多次顺利地通过此过道,但这次事故主要是因为该罐车为空罐,车辆较轻,轮胎较高,加上过道的路面刚刚垫过,从而造成了车辆的整体高度较以前偏高,但未能引起司机的重视,忽略了罐车内剩余部分甲醇属易燃易爆品。

3.24.3 建议及防范措施

汽车运输甲醇等易燃液体的常压罐车,虽然不同于承压类的锅炉压力容器已引起人们的足够的重视,但常压罐车内的介质有许多是有毒、易燃易爆的危险性液体,且常压罐车属流动性的,一旦出现险情会给无辜带来危害。驾驶危险化学品的汽车罐车司机和押运员,应该吸取血的教训。

为了防止类似事故的再次发生,汽车罐车在运输甲醇或其它易燃液体时,应注意如下几点:

① 加强安全防范意识,汽车罐车的驾驶员和押运员应熟悉必要的危险化学品运输安全基本知识和有关规定,并取得上岗资格。

② 汽车罐车应有可靠的接地链,以便随时导除静电。

③ 当气温 30℃ 以上时,应考虑降温措施或选择夜间行驶。

④ 汽车罐车应按规定停放安全可靠的位置。

⑤ 通过隧道、涵洞、立交桥或其他复杂路况时,必须注意标高,并减速慢行通过。

⑥ 在恶劣的路面上行驶时,应减速前进,减轻震动和冲击。

⑦ 汽车罐车应按照有关规定进行定期检验。

3.25 液化气储罐货运车途中爆炸事故

2008 年 9 月 4 日,一辆载有液化气储罐的货运车在某市主城区发生爆炸,导致 10 人烧伤,其中 2 人重度烧伤,6 人中度烧伤。图 3.14 为事故处置现场。

3.25.1 基本情况及事故经过

2008 年 9 月 4 日 15 时 20 分许,一辆载有 4 个容积为 50kg、10 个容积为 10kg 和 1 个容积为 5kg 液化气储罐的货运车由西向东行驶到某丁字路口时,车厢内装载的其中一个 50kg 容量的液化气罐突然发生爆炸。爆炸产生的巨大火球瞬间扩散开,距离爆炸点较近的 10 名过往行人和司机不同程度地被烧伤,其中一名 83 岁老人全身起火。由于爆炸产生的巨大冲

图 3.14　事故处置现场

击力，扩散开的火焰将周围 9 家商铺的门面引燃，路边行人拨打电话向 110 和 119 报警。事故造成周围车辆、店铺受到严重损坏，包括微型车司机在内的周围车辆司乘人员、店铺老板和行人 10 人被烧伤，其中 2 人重度烧伤，6 人中度烧伤。

3.25.2　原因分析

① 该液化气运输车搭载的 1 个 50kg 的液化气罐在充装前已经在焊接处出现小裂缝，但未检查出来。

② 车辆行驶途中因颠簸使裂缝加大，泄漏加快，并未引起驾驶员和押运员注意而进行处理。

③ 由于车辆在行驶，泄漏的液化气被风稀释，未酿成事故，但在行驶至事发地时，车辆遇红灯熄火暂停，大量液化气泄漏后车辆周围液化气浓度快速上升。在交通指示灯绿灯亮后，车辆点火启动，导致泄漏气体被点燃，液化气罐随即发生爆燃，并被撕开了一个 30 多厘米长的裂缝。

3.25.3　建议及防范措施

针对该起事故，应当吸取深刻的教训并采取切实的防范措施，避免类似事故的再次发生。

① 气站充装人员没有按照有关规定，充装前后严格把好钢瓶的质量关，及时发现并消除安全隐患。

② 运输人员警惕性不高，完全可以通过检查、闻气味、看行人反映等发现问题，及时紧急堵漏，防止事态扩大，危货驾驶员和押运员首先是保障安全，其次才是运输搬运，应增强安全意识和救治能力。

③ 过往行人缺乏安全意识，没有阻止和躲避，造成本可以避免的人员伤亡和财产损失。

④ 相关管理监督部门应层层严密监管，查缺堵漏，落实责任。

3.26　二硫化碳槽罐车罐体破裂泄漏燃烧事故

2008 年 6 月 28 日在大(庆)广(州)高速河南周口段，一辆载有 16t 危险化学品二硫化碳的槽罐车，因罐体前部破裂、造成泄漏燃烧事故。国家、河南省、周口市、扶沟县四级应急联动，紧密配合，积极救援，事故得到成功处置，避免了爆炸和污染事故，未造成人员伤亡和次生灾害。

3.26.1 基本情况及事故经过

6月28日21时30分，一辆重型槽罐车(长8250mm、宽2400mm、高1780mm)，载有16t二硫化碳在从河北邯郸驶往湖南株洲途中，行至大广高速公路河南周口扶沟段K242km处(距高速公路扶沟服务区北约2km)，因罐体前部破裂，造成二硫化碳泄漏，发生燃烧。事故车辆停靠于高速公路护栏边缘，主驾驶员和押运员逃离现场。罐体上部形成猛烈喷射火焰，发出刺耳的呼呼声，底部有流淌火，火势较大。驾驶室及前面4个轮胎已全部烧毁，罐体处于烈焰的炙烤之下，空气中弥漫着刺鼻的恶臭味，随时都有发生爆炸的可能。

事故发生后，副驾驶员向当地110指挥中心电话报警。县消防大队出动3部泡沫及水罐消防车和15名官兵奔赴现场。市消防支队指挥中心接到报告后，调集12部消防车60余名官兵前往增援。29日10时，省消防总队领导赶到现场后又调集消防官兵到场增援。接到请求报告后，某部政委带领防化部队官兵，携带装备，赶到现场参加增援。7月1日1时20分，泄漏燃烧事故得到成功处置，避免了一起恶性爆炸和环境污染次生灾害事故的发生，周边群众及参战官兵无一伤亡。7月1日10时，大广高速恢复通行。

3.26.2 原因分析

(1) 产品理化性质

二硫化碳为无色或淡黄色透明液体，有刺激性气味，不溶于水，溶于乙醚、乙醇等多数有机溶剂，属低闪点易燃液体，在室温下易挥发，具有易燃、易爆、高毒、高挥发性。主要用于制造人造丝、杀虫剂、促进剂，也可用作溶剂。熔点为110.8℃，闪点为30℃，沸点为46.3℃，自燃温度为90℃，与水相对密度为1.26，与空气相对密度为2.64，爆炸极限为1%~60%，最小引燃能量0.009mJ，燃烧热1030.8kJ/mol，燃烧时火焰温度约为2200℃。其蒸气比空气重，能在较低处扩散到相当远的地方，遇火源引起回燃，蒸气与空气易形成爆炸性混合物，遇明火、高热极易燃烧爆炸。二硫化碳与氧化剂能发生强烈反应，被禁止与强氧化剂、胺类、碱金属等物质接触。二硫化碳是损害神经和血管的毒物，严重中毒者可出现谵妄、昏迷、意识丧失，伴有强直性及阵挛性抽搐。严重中毒后可遗留神衰综合征，中枢和周围神经永久性损害。可因呼吸中枢麻痹而死亡。运输时必须按规定路线行驶，勿在居民区和人口稠密区停留。灌装时应控制流速，且有接地装置，防止静电积聚。要求储存于阴凉通风的库房，远离火种热源，库温不宜超过30℃，保持容器密封。储区应备有泄漏应急处理设备、合适的收容材料和相应的消防器材及泄漏应急处理设备，禁止使用易产生火花的机械设备和工具。

(2) 事故原因

经过勘验、检测、调查和分析，发现事故直接原因是罐体缺陷、焊缝破裂、物料泄漏、静电着火。6月28日天气晴朗，气温较高(28~35℃)，容器内压增大，罐体质量差。质量技术监督局现场勘察检测发现，罐体前封头下部折弯处有一条250mm长的穿透性裂纹。该车缺乏检验和维护保养，运行过程中该处缺陷由于载荷交变、高速冲击、流动激荡，温差应力及交变应力使罐体前封头下部扳边处破裂，造成物料泄漏。罐体与地面没有消除静电措施，产生静电火花，或遇到高温天气，即刻着火燃烧，导致事故发生。

（3）事故性质及人员责任

经过安全监管、公安、交通、环保、监察、检察、工会等部门联合调查和立案侦察认定，该事故是一起由于非法生产、违法经营、违章运输引发的危险化学品泄漏燃烧责任事故。该案例十分典型，融非法违法违章多种表现于一体：车主法律意识淡薄，在没有取得危险化学品生产许可证情况下，非法生产危险化学品；在没有取得安全生产经营许可证情况下，违法经营危化品二硫化碳；购买成品油运输罐车，私自改运易燃易爆易挥发易腐蚀的危化品；肇事车辆跨省套牌，挂靠运输车队只收费用、不加管理、放任自流；驾驶员盲目从事危险货物运输，违规驶入京珠、濮鹤、大广等多条高速公路，事故发生后逃匿；押运员无从业资质，用蓬布蒙住车辆，假冒以运输玻璃水的名义，伪装成普通运输车辆，擅自进入危险化学品禁行区域；相关部门单位缺乏严格检查、监控和管理，或违规办理营业执照，或超范围超职权开展检测检验，严重违反了《道路交通安全法》《化学危险品安全管理条例》和压力容器检测、工商管理有关规定等，相关人员 13 人、相关单位 4 个被依法追究刑事、行政或经济责任。

3.26.3 建议及防范措施

安全生产工作包括事故预防、应急救援和事故处理三个主要方面。应急救援涉及到各级政府、各个部门，涉及到生产、储存、运输、销售、使用等较多环节，面临严峻的安全生产形势和繁重的应急救援任务，必须树立大安全、大风险、大救援观念，坚持"安全第一、预防为主、综合治理"方针，采取有效措施，严格执法检查，减少事故发生，提高救援水平，保障生命及财产安全，这是安全监管工作者的法定职责和崇高使命，是以人为本、和谐社会的根本要求，是落实科学发展观的具体体现。

① 加快应急救援法制建设

出台《安全生产应急管理条例》等法规，各级政府、各部门单位、各社会组织及个人，都要遵守法律规定，明确责任和义务，增强法制意识，依法生产经营，依法行政管理，将安全生产经营及应急救援工作规范化。

② 广泛开展应急宣教培训

切实增强全民安全生产意识，坚决反"三违"、治"三超"。加大宣传教育力度和广度，相关人员要掌握自救互救知识，提高防御事故能力。生产经营单位制定和完善应急预案，加强专项救援演练，提高救援的针对性、有效性、操作性。

③ 严格坚持检查执法制度

相关部门要建立应急救援网络，互通信息、资源共享，进一步加强危险化学品运输事故应急救援和调查协作。严格资质许可，实施源头治理。加强执法检查，联合开展整顿治理行动，加大对非法违法生产、经营、运输等行为的打击力度。开展隐患治理，消除事故隐患，实现本质安全。

④ 加强专业救援队伍建设

按照政府投入为主体、企业投入为支撑、社会资助为辅助的原则，建立一个多渠道、多形式的应急保障体系，着力配备救援装备、专用器材、特种工具和应急物资，切实增强事故救援能力。

⑤ 建立应急救援信息平台

政府统一领导，建立拥有图文视频、地理信息、卫星定位等功能的接警处警系统，将安全生产事故报警与110、119、120、环保等应急救援统一纳入其中，全国统一报警呼号，便于群众熟记报警，全国联网 GPS 监控平台，对各类事故及其救援工作，实现统一指挥、分类施救、信息共享、协调联动、高效快捷。

⑥ 完善统一指挥协调机制

整合分散在各系统、各部门、各单位的社会资源，形成协作联动机制，统一指挥协调重特大事故救援工作。完善救援专家管理办法，对应急资源、救援专家、预警信息全面掌握，充分发挥专业人才作用，提供全方位技术支持，确保事故救援科学高效。

第4章 危险化学品使用安全事故

4.1 电线短路液氨制冷管道烤爆引发重大火灾爆炸事故

2013 年 6 月 3 日 6 时 10 分许,位于吉林省长春市德惠市的某禽业有限公司主厂房发生特别重大火灾爆炸事故,共造成 121 人死亡、76 人受伤,17234m² 主厂房及主厂房内生产设备被损毁,直接经济损失 1.82 亿元。

4.1.1 基本情况

该企业于 2009 年 10 月 1 日取得市肉品管理委员会办公室核发的《畜禽屠宰加工许可证》。2012 年 9 月 18 日取得市畜牧业管理局核发的《动物防疫条件合格证》。

主厂房内共有南、中、北三条贯穿东西的主通道,将主厂房划分为四个区域,主厂房结构为单层门式轻钢框架,屋顶结构为工字钢梁上铺压型板,内表面喷涂聚氨酯泡沫作为保温材料(依现场取样,材料燃烧性能经鉴定,氧指数为 22.9%~23.4%)。主厂房屋顶在设计中采用岩棉(不燃材料,A 级)作保温材料,但实际使用聚氨酯泡沫(燃烧性能为 B3 级),不符合《建筑设计防火规范》不低于 B2 级的规定;冷库屋顶及墙体使用聚氨酯泡沫作为保温材料(燃烧性能为 B3 级),不符合《冷库设计规范》不低于 B1 级的规定。主厂房火灾危险性类为丁戊类,建筑耐火等级为二级,主厂房为一个防火分区,主通道东西两侧各设一个安全出口,冷库北侧设置 5 个安全出口直通室外,附属区南侧外墙设置 4 个安全出口直通室外,二车间西侧外墙设置一个安全出口直通室外。事故发生时,南部主通道西侧安全出口和二车间西侧直通室外的安全出口被锁闭,其余安全出口处于正常状态。主厂房设有室内外消防供水管网和消火栓,主厂房内设有事故应急照明灯、安全出口指示标志和灭火器。企业设有消防泵房和 1500m³ 消防水池,并设有消防备用电源。

冷库、速冻车间的电气线路由主厂房北部主通道东侧上方引入,架空敷设,分别引入冷库配电柜和速冻车间配电柜。主厂房电气线路安装敷设不规范,电缆明敷,二车间存在未使用桥架、槽盒、穿管布线的问题。

事故导致制冷系统受损,6 个冷却系统中,螺旋速冻机、风机库和鲜品库所在冷却系统的管道无开放性破口,设备中的铝制部件有多处破损、部分烧毁;冷库、速冻库所在冷却系统的管道有 23 处破损点;预冷池所在冷却系统的管道无开放性破口。制冷机房中,1 号卧式低压循环桶外部包裹的保温层开裂,下方的液氨循环泵开裂,桶内液氨泄漏。机房内未见氨燃烧和化学爆炸迹象,其他设备完好。事故企业共先后购买液氨 45t。事故发生后,共从氨制冷系统中导出液氨30t，据此估算事故中液氨泄漏的最大可能量为15t。

4.1.2 事故经过

6月3日5时20分至50分左右，该公司员工陆续进厂工作(受运输和天气温度的影响，该企业通常于早6时上班)，当日计划屠宰加工肉鸡3.79万只，当日在车间现场人数395人(其中一车间113人，二车间192人，挂鸡台20人，冷库70人)。6时10分左右，部分员工发现一车间女更衣室及附近区域上部有烟、火，主厂房外面也有人发现主厂房南侧中间部位上层窗户最先冒出黑色浓烟。部分较早发现火情人员进行了初期扑救，但火势未得到有效控制。火势逐渐在吊顶内由南向北蔓延，同时向下蔓延到整个附属区，并由附属区向北面的主车间、速冻车间和冷库方向蔓延。燃烧产生的高温导致主厂房西北部的1号冷库和1号螺旋速冻机的液氨输送和氨气回收管线发生物理爆炸，致使该区域上方屋顶卷开，大量氨气泄漏，介入了燃烧，火势蔓延至主厂房的其余区域。

4.1.3 原因分析

4.1.3.1 直接原因

该公司主厂房一车间女更衣室西面和毗连的二车间配电室上部的电气线路短路，引燃周围可燃物。当火势蔓延到氨设备和氨管道区域，燃烧产生的高温导致氨设备和氨管道发生物理爆炸，大量氨气泄漏，介入了燃烧。

造成火势迅速蔓延的主要原因：一是主厂房内大量使用聚氨酯泡沫保温材料和聚苯乙烯夹芯板；二是一车间女更衣室等附属区房间内的衣柜、衣物、办公用具等可燃物较多，且与人员密集的主车间用聚苯乙烯夹芯板分隔；三是吊顶内的空间大部分连通，火灾发生后，火势由南向北迅速蔓延；四是当火势蔓延到氨设备和氨管道区域，燃烧产生的高温导致氨设备和氨管道发生物理爆炸，大量氨气泄漏，介入了燃烧。

造成重大人员伤亡的主要原因：一是起火后，火势从起火部位迅速蔓延，聚氨酯泡沫塑料、聚苯乙烯泡沫塑料等材料大面积燃烧，产生高温有毒烟气，同时伴有泄漏的氨气等毒害物质；二是主厂房内逃生通道复杂，且南部主通道西侧安全出口和二车间西侧直通室外的安全出口被锁闭，火灾发生时人员无法及时逃生；三是主厂房内没有报警装置，部分人员对火灾知情晚，加之最先发现起火的人员没有来得及通知二车间等区域的人员疏散，使一些人丧失了最佳逃生时机；四是该公司未对员工进行安全培训，未组织应急疏散演练，员工缺乏逃生自救互救知识和能力。

4.1.3.2 间接原因

该公司安全生产主体责任根本不落实：

① 企业出资人即法定代表人没有以人为本、安全第一的意识，严重违反安全生产方针和安全生产法律法规，重生产、重产值、重利益，要钱不要安全，为了企业和自己的利益而无视员工生命。

② 企业厂房建设过程中，未按照原设计施工，违规将保温材料由不燃的岩棉换成易燃的聚氨酯泡沫，导致起火后火势迅速蔓延，产生大量有毒气体，造成大量人员伤亡。

③ 企业从未组织开展过安全宣传教育；应急预案从未组织开展过应急演练；违规将南部主通道西侧的安全出口和二车间西侧外墙设置的直通室外的安全出口锁闭，使火灾发生后大量人员无法逃生。

④ 企业没有建立健全、更没有落实安全生产责任制，投产以来没有组织开展过全厂性

的安全检查。

⑤ 未逐级明确安全管理责任，没有逐级签订包括消防在内的安全责任书。

⑥ 企业违规安装布设电气设备及线路。

⑦ 未按照有关规定对重大危险源进行监控，未对存在的重大隐患进行排查整改消除。

4.1.4 建议及防范措施

（1）要切实牢固树立和落实科学发展观

深刻吸取此次特别重大火灾爆炸事故沉痛教训，牢固树立和切实落实正确的政绩观及业绩观，认真实施安全发展战略，坚持以人为本、科学发展、安全发展，坚持发展以安全为前提和保障，坚持做到发展必须安全，不安全就不能发展，始终把人民生命安全放在首位，坚守发展决不能以牺牲人的生命为代价这一不可逾越的红线。

（2）要切实强化企业安全生产主体责任的落实

从根本上强化安全意识，真正落实企业安全生产法定代表人负责制和安全生产主体责任，切实摆正安全与生产、安全与效益、安全与发展的位置，严格安全生产绩效考核和责任追究，实行"一票否决"；依法保证安全生产投入，治理和纠正违章指挥、违章作业、违反劳动纪律的现象；认真持久彻底地排查和治理安全隐患，加强对重大危险源的监控和危险品的管理；加强应急管理尤其要加强应急预案建设和应急演练，提高应对处置事故灾难的能力。

（3）要切实强化以消防安全标准化建设为重点的消防安全工作

要强化安全生产尤其是消防安全"三同时"工作，进一步研究改善劳动密集型企业的消防安全条件，在建筑设计施工时应充分考虑消防安全需求，努力提高设防等级，并加强"三同时"审查、把关与验收，保证做到包括消防设施在内的安全设施"三同时"。

（4）要切实强化使用氨制冷系统企业的安全监督管理

加强使用氨制冷系统企业和用氨单位的安全监督管理，完善行业安全管理制度，统一相关标准规范，加强日常监督检查和重大危险源监控，加强事故的防控工作。

（5）要切实强化工程项目建设的安全质量监管工作

全面排查和解决工程建设领域的突出问题，严厉查处越权审批、未批先建，无资质设计、施工、监理，以及非法转包分包、出借资质等违法违规行为，采取有力措施，维护市场公平竞争，确保工程质量，搞好安全生产。

（6）要切实强化政府及其相关部门的安全监管责任

严格落实安全生产行政首长负责制和其他领导"一岗双责"制以及行业主管部门直接监管责任、安全监管部门综合监管责任、地方政府属地监管责任。

（7）要切实强化对安全生产工作的领导

高度重视安全生产工作，切实加强组织领导，确保思想认识到位、领导工作到位、组织机构到位、工作措施到位、政策落实到位。

4.2 水解反应釜暴沸物料喷出 引发火灾事故

2016年4月9日21时15分，河北某公司化二车间4#水解反应釜生产过程中发生火灾，造成 4 人死亡、3 人烧伤，直接经济损失约 500 万元。

4.2.1 基本情况及事故经过

2016 年 4 月 9 日 18 时 45 分，该公司化二车间水解岗位操作工甲、乙和学徒工及化一车间水解岗位操作工甲、乙、丙、丁、戊等参加班前会后，于 18 时 50 分到达各自岗位进行交接班。化一车间班长安排保全工甲、乙到化一车间安装 11# 水解釜对面的通氯管道。

18 时 50 分，化二车间 1#、3# 水解釜正在放甲醇，2#、4# 水解釜正处于赶氯过程。19 时，2#、4# 水解釜开始赶氯，釜温为 -6℃；19 时 45 分，釜温为 8℃，赶氯结束，此时切换为热水加热釜内物料。20 时，水解釜内物料温度升至 15℃，改用蒸汽加热升温。20 时 15 分，釜内温度为 26℃；20 时 30 分，釜内温度升到 40℃；20 时 45 分釜内物料温度升至 56℃，开始放甲醇。21 时 10 分左右，化二车间水解操作工甲去厕所，让学徒工临时看管 4# 水解釜，一会儿返回岗位；21 时 15 分，4# 水解釜上封头被冲出，易燃物料喷出引发火灾，将正在 4# 水解釜旁边作业的化二车间水解操作工甲和学徒工当场烧死，将在 11#、12# 水解釜对面窗户前缠绕通氯阀垫的化一车间水解操作工甲、乙严重烧伤，将正在 11# 水解釜对面通道旁安装通氯釜管路的化一车间班长及两名保全工烧伤。

公司立即将烧伤的 5 人送往县人民医院进行抢救，2 名重伤员经抢救无效于 4 月 10 日 2 时死亡；班长及 2 名保全工转院治疗。

4.2.2 原因分析

（1）直接原因

水解岗位操作工对 4# 水解釜加热过快，釜内物料暴沸，产生大量的甲醇、氯甲烷、氯化氢、水蒸气等气体，造成釜内压力急剧升高，导致釜内物料喷出，将水解釜上封头及附带的电机、减速机等冲起，撞击车间三层钢筋砼构件产生火花，甲醇、氯甲烷等被引燃，造成现场人员伤亡并引发次生火灾。

（2）间接原因

① 企业安全生产意识淡薄，对水解岗位生产操作规程中的注意事项不够重视；未能使员工充分明确作业岗位存在的危险有害因素。

② 车间划分和劳动组织不合理，化二车间 3#、4# 水解釜操作岗位与化一车间 9#~12# 水解釜操作岗位位于同一作业平台上，但没有形成联保互保机制；在水解和通氯作业时安排维修人员进行作业，存在交叉作业现象。

③ 未认真落实转岗培训制度，学徒工从浓缩岗位到水解岗位实习，车间、班组没有转岗培训记录。

④ 县工信局、安监局作为行业管理部门和安全监管部门，对企业存在的事故隐患督导检查不到位。

4.2.3 建议及防范措施

如果在工艺过程超温、超压时能够采取立即关闭蒸汽阀门、紧急冷却或紧急泄放物料等措施，或根据工艺情况设置压力、温度报警，尽早采取措施调整异常工况，事故或许就不会发生。根据此事故的启示，为防范同类事故再次发生，提出以下建议措施：

① 通过采用自动控制技术，应用 DCS、PLC 等控制系统，代替间歇化工生产过程中的

进料、配比、反应、放料等岗位的人工操作，实现间歇式化工生产机械化、自动化，一方面稳定工艺操作，降低人员失控率，另一方面减少间歇式化工生产过程中的操作人员数量。

② 对于超温、超压风险大的反应系统，应对关键参数设置报警，提示操作人员尽早采取措施调整异常工况；应配置泄放设施和紧急冷却降温等设施，并设置紧急切断、紧急终止反应等联锁控制措施。

③ 完善工艺安全管理制度，根据生产工艺技术和设备设施特点以及原材料、辅助材料、产品的危险特性，编制岗位安全操作规程，持续不断加强员工培训教育，使其真正了解作业场所、工作岗位存在的危险有害因素，掌握相应的防范措施、应急处置措施和安全操作规程，切实提高安全意识和操作技能。

④ 加强劳动组织管理和作业场所管理，建立职工联保互保机制，杜绝交叉作业等现象。

⑤ 政府各有关部门应按照管行业必须管安全的要求，加强对本行业企业安全生产督导检查，督促企业开展安全生产隐患排查治理工作，及时消除事故隐患，确保安全生产。

4.3 急性苯中毒事故

2000 年 3 月 7 日，上海某公司在涂刷防水涂料作业中，发生一起急性苯中毒事故，造成 1 人死亡、2 人重伤。

4.3.1 基本情况及事故经过

2000 年年初，上海某公司承接了一项隔油池的施工工程。该隔油池作油水分离用，为三隔串联式水泥池，每隔池高 2.7m，宽 1.5m，长 4.7m，池顶密封，仅有一个 50cm^2 的出入孔口。该池已完成土建，因有渗水，某机电公司安排长期雇用的 4 名工人，对池内壁涂刷防水涂料。

2000 年 3 月 7 日上午，先由 3 名工人下池作业，约 10min 后，3 名工人感觉憋闷，呼吸不畅，身体不适，于是爬出池外稍事休息后，再次下池作业，10min 左右，又感到身体不适赶快出池。随后由在池口监护的一名工人下池作业，仅几分钟就倒入池中，呼之不应。刚出池休息的工人立即呼救，有两名工人先后下池救人，也相继倒入池内。剩下的 1 名工人立即向消防队报警，由赶到现场的消防人员将 3 名工人逐个救出，并急送医院，1 名工人经抢救无效死亡，另 2 名工人住院治疗后脱离危险。

4.3.2 原因分析

（1）直接原因

在密闭状态下作业，现场无强制性通风设施，个人无安全防护用品，没有严密的现场监护措施，由此酿成了这起中毒事故。

（2）间接原因

公司员工安全意识淡薄，缺乏安全生产知识和有关化工知识，同时所选用的产品不合格。

这起事故发生后约 5h，市卫生局卫生监督所对池内空气取样分析，空气中苯浓度超过国家卫生标准 600 倍。现场勘察，工人所用的防水涂料为"氯丁胶"，系某建筑材料厂生产，但标签上无厂址和产品证号，也无生产日期、批号、成分及使用时的安全防护要求，为"三无"产品。经取样分析，该涂料含有大量纯苯，苯含量严重超标。

4.2.3　建议及防范措施

事故发生后，市卫生局卫生监督所依据有关法规，对施工单位做出严肃处理，对该项涂刷涂料工程未经卫生行政部门同意不得继续施工，并立即在全市范围内禁止销售和使用含有大量纯苯的剧毒"三无"产品，严防类似事故再次发生。

对事故企业来讲，这一教训极其深刻。企业在施工材料的选用上一定要注意质量，对此要建立相关规章制度，并且要有监督管理，防止某些人为了谋取个人私利，采购"三无"产品。这样不仅容易造成事故，而且还会给企业造成极大的损害，带来严重的后果。

4.4　己内酯中试发生管道爆炸事故

2009 年 1 月 12 日 14 时 59 分左右，某公司化工实验室己内酯科研试验装置，在进行己内酯中试生产过程中发生爆炸事故，造成 1 名人员死亡。

4.4.1　基本情况及事故经过

2009 年 1 月 12 日 8 时，化工实验室技术员王某组织当班操作工进行 200t/a ε-己内酯反应工序开车，加完轻组分原料及催化剂后，对反应釜进行升温、抽真空，然后开始加双氧水，但发现双氧水不能进入反应釜。当班人员判断是管道发生堵塞，随即用蒸汽从外部对堵塞部位进行吹扫，疏通管道后加双氧水，于 9 时 36 分加完。14 时 36 分第一步反应完成，此时反应釜上部温度为 60.32℃，绝压为 8.78kPa。操作工梁某接着准备进行第二步反应，首先通冷却水降温，关闭反应釜与真空泵连接的阀门。然后梁某用氮气对反应釜进行充压卸真空，这时发现氮气阀门开动困难，氮气不能进入反应釜，判断是氮气管线与加料管线(此管线为双氧水、环己酮、氮气共用管线)相连的横管堵塞，再次用蒸汽吹扫该段横管和阀门约 5min，随后氮气阀门可以开动。但是氮气阀门打开后系统压力没有变化，于是梁某用对讲机呼叫技术员王某。约 2min 后，王某赶到，关闭了氮气阀，打开了氮气阀后的针形阀，针形阀喷出一些白色泡沫状的液体物质，随后横管处发生爆炸(时间为 14 时 59 分)，氮气阀门(*PN*16 *DN*25)的阀芯及压盖脱离本体飞出，击中王某胸部。事故发生后，实验室立即组织人员进行救援，切断装置蒸汽、氮气，并迅速将伤者送医院抢救。王某经抢救无效死亡。

4.4.2　原因分析

(1) 直接原因

操作人员在用蒸汽对发生堵塞的氮气管线及阀门进行加热时，管内的双氧水及过氧丙酸剧烈分解，短时放出大量热量和氧气，导致阀门爆裂，阀芯及压盖脱离本体飞出，击中正在进行检查的技术人员要害部位，导致死亡。

（2）间接原因

① 加料管道设计不合理，双氧水、环己酮、氮气共用一根加料管线，双氧水、环己酮反应生成己内酯的低聚物，堵塞管道，是此次事故的诱发原因。

② 虽然对新工艺进行了危害辨识，但是在实际生产过程中，对加料管多次出现堵塞这一异常现象，没有进行深入研究，操作工错误地采取了使用蒸汽吹扫加热的处理方法，是事故发生的重要原因。

第5章 危险化学品设备安全事故

5.1 三聚氰胺装置冷凝器爆燃事故

2011年11月19日13时56分许,山东某公司在停车检修三聚氰胺生产装置的道生油冷凝器过程中发生重大爆燃事故,造成15人死亡,4人受伤,直接经济损失1890万元。

5.1.1 基本情况及事故经过

11月19日7时左右,三聚氰胺装置控制室操作人员发现道生油(联苯–联苯醚)系统内压力偏高,怀疑位于装置框架四楼的道生油冷凝器内漏,即管程中的水漏入壳程的道生油内,随即向生产总监报告。7时30分左右,公司安排尿素车间对三聚氰胺装置实施停车,准备检修。技术总监通知了山东乙公司派人协助检修。7时30分车间主任、副主任带领尿素车间检修人员,先将三聚氰胺装置停止投料,再继续通软水将道生油系统降温至道生油沸点258℃以下,之后开始拆卸道生油冷凝器的上、下管箱。10时左右,山东乙公司副总经理孙某带领车间主任、一名焊工及三名辅助人员到达现场,这时发现上管板的中下部有一个渗漏点,将道生油冷凝器加水置换后,由设备厂人员实施了补焊;补焊完毕后,进行水压试验,发现上、下管板还有8个渗漏点,泄压后由设备厂人员又分别实施了补焊。12时26分,尿素车间检修人员启动打压泵,打压至3.0MPa保压,进行水压试验,保压40多分钟后未发现渗漏点,期间设备厂人员离开了现场。13时15分尿素车间检修人员停止打压泵,结束水压试验并泄压后,进行设备、管线的复位安装,首先安装临近道生油冷凝器进气口的上管箱,上管箱基本安装完毕后,开始拆卸进气口螺栓及盲板,并通过道生油冷凝器的出液口排水。13时56分左右,尿素车间检修人员先是看到有白色烟雾从道生油冷凝器进气口法兰间喷出并迅速弥散,接着看到有液体高速喷出,便扔掉手中工具,迅速逃生,紧接着发生了爆燃。

5.1.2 原因分析

(1)直接原因

从三聚氰胺系统停车到事故发生前后,热气冷却器内的道生油温度始终保持下降趋势;事故发生后,道生油冷凝器整体及进气口、出液口等部位未见明显受损痕迹;事故发生时,已停泵泄压,且道生油冷凝器出液口已全部敞开;对道生油的检测结果显示,道生油组分正常,未检出碳的存在;据此,排除了道生油系统内发生化学爆炸和物理爆炸的可能性。直接原因分析得出如下结论:

① 爆炸性混合物的形成

事故发生时，位于四楼平台的道生油冷凝器进气口螺栓已部分拆除，盲板向东侧外移约50mm，道生油冷凝器已与大气相通；出液口螺栓已拆除、盲板已被移出；从道生油冷凝器出液口至热气冷却器进口管道上的六个阀门全部处于开启状态，具备了在排水过程中向热气冷却器内灌水的条件。当温度为10℃左右的水进入253℃左右的道生油后，水被急剧汽化，热气冷却器内压力突然升高，道生油被水夹带从道生油冷凝器进气口法兰间高速喷出，与空气形成爆炸性混合物。

② 点火源

道生油高速喷出后产生的静电火花，现场人员逃生时慌忙扔掉的铁质工具与楼板或容器或其他铁质器具碰撞产生的火花，两者的点火能量都远大于道生油(联苯-联苯醚)的点火能。道生油与空气形成的爆炸性混合物，遇点火源发生了爆燃。

在道生油冷凝器维修过程中，未采取可靠的防止试压水进入热气冷却器道生油内的安全措施，因检修人员操作不当，造成四楼平台道生油冷凝器壳程内的水灌入三楼平台热气冷却器壳程内，与高温道生油混合后迅速汽化，水蒸气夹带道生油从道生油冷凝器的进气口和出液口法兰间喷出，与空气形成爆炸性混合物，遇点火源发生爆燃。

（2）间接原因

①未制定相关的安全操作流程和规范。

②开停车安全条件确认落实不到位。操作人员对开停车中可能遇到的危险有害因素未进行辨识，并采取必要的应急措施。

③危险因素辨识和风险评价不到位。

④对生产的设备的检测维护不到位，未建立有效的设备管理程序。

5.1.3 建议及防范措施

（1）严格检维修作业环节的安全管理

设备检维修是事故风险高、管理难度大的重要作业环节，必须按照有关规定切实严格安全管理。作业前要认真开展检维修作业风险分析，科学制定维修方案。作业人员要全面了解作业相关的工艺、设备、电气、仪表、消防等方面的知识和措施，清楚相关物质的理化性质和危险特性。风险分析的内容要涵盖作业过程的步骤、作业所使用的工具和设备、作业环境的特点以及作业人员的情况等。要根据风险分析的结果采取相应的预防和控制措施，消除或降低作业风险，未实施作业前风险分析、预防控制措施不落实不得作业。对道生系统的检维修有以下建议：

① 道生冷凝器、热气冷却器检维修时，必须将热气冷却器的道生油放回到一楼道生储罐内。

② 检修的设备及其相关的道生系统用惰性气体置换，置换时要有尾气吸收措施，防止造成大气污染。

③ 道生油放回储槽后，热气冷却器回液阀前加盲板与储槽隔绝。

④ 道生冷凝器在开停车时，先进水再升温，避免设备高温差变化给设备带来的应力损坏。

⑤ 控制参与作业现场人员数量。

⑥ 打压水排放完毕后，要吹净设备内的存水，防止水进入道生系统。

（2）开展生产装置设计安全诊断

认真查找工艺，设备设计方面存在的问题并及时进行整改。例如：热气冷却器的安全阀前未设切断阀，不利于安全阀的检维修，一旦安全阀在排放过程中出现不回座之类的故障情况，将难以处置，不但造成经济损失，还会造成环境污染事故。在放空系统增设道生油冷却回收装置，减少道生系统开停车放空和道生冷凝器内漏引起安全阀起跳造成的经济损失和环境污染。道生冷凝器出液管线阀门（两阀门）抬高（高于热气冷却器的液位，测温点相应抬高）。道生冷凝器设备增加壳侧排污、排汽阀门，用水打压时可以不抽盲板，用此两阀门进行排水和进气。对于此类问题，可通过系统的进行安全诊断来排查和整改。

（3）高度重视高温介质的安全管理

事故企业三聚氰胺生产装置中包括了熔盐炉和道生油系统，涉及熔盐和道生油两种高温介质，在正常情况下，熔盐温度为450℃，道生油温度为315℃。熔盐具有强氧化性，应严禁与有机物、易燃物混合。高温介质泄漏可能导致灼伤、火灾、爆炸事故，遇水可导致液态水迅速汽化引发爆炸。相关化工企业必须按照国家有关标准规定，设置安全联锁报警及自动控制系统，配置安全阀、防爆门、应急退油系统和防止高温道生油或导热油直排大气的安全设施，采取防止道生油或导热油在装置内壁结焦、与禁忌物料混合的安全措施，提高本质安全水平，严防高温载热体泄漏引发火灾、爆炸和灼烫事故。

（4）严格执行特种设备安全管理规定

压力容器、压力管道都属于特种设备，在采购、安装、使用和维修等各个环节，必须严格遵守《特种设备安全监察条例》的规定，坚决杜绝违规安装、使用压力容器等特种设备，避免因设备质量、安装缺陷等问题引发事故。化工企业压力容器等特种设备，必须按照国家规定聘请有相应资质的单位进行维修。

5.2 煤气柜试生产阶段重大爆炸事故

2013 年 10 月 8 日 17 时 56 分许，某供气有限公司 3#、4# 焦炉工程 $5 \times 10^4 m^3$ 稀油密封干式煤气柜在生产运行过程中发生重大爆炸事故，共造成 10 人死亡、33 人受伤、直接经济损失 3200 万元。

5.2.1 基本情况

甲公司（以下简称甲公司）成立于 2006 年 4 月，2008 年 7 月改制为民营股份制企业；注册资本 5000 万元，资产总额 15 亿元，现有员工 1026 人，经营范围为：煤炭批发经营，煤焦生产、煤焦及副产品销售，焦炉煤气、煤焦油、硫黄、硫酸铵、粗苯、焦炭生产销售。两座 $60 \times 10^4 t/a$ 焦炉及其附属设施（项目名称为 3#、4# 焦炉工程）尚未申请危险化学品建设项目安全设施竣工验收，仍处于试生产阶段。

甲公司 3#、4# 焦炉工程为企业的二期工程，主要装置包括 2 座 $60 \times 10^4 t/a$ 焦炉、备煤装置、煤气净化装置、化产回收装置和 50000m³ 稀油密封干式煤气柜（以下简称气柜）等。该项目（不包含气柜）于 2010 年 9 月开工建设，2011 年 11 月施工完成，2012 年 3 月开始试运行。

2013年6月，当地政府出具了《危险化学品建设项目试生产（使用）方案备案告知书》，对项目的试生产方案予以备案，试生产期限为2013年6月17日至2013年12月16日。

气柜于2011年10月开工建设，2012年7月完工，2012年9月投入试运行，归口甲公司二分厂（负责3#、4#焦炉系统生产运行）的化产车间管理。

焦炉煤气主要成分及含量：氢气[55.0%~60.0%（体积），下同]，甲烷（23.0%~27.0%），一氧化碳（5.0%~8.0%），氧气（0.3%~0.8%），乙烷（2.0%~4.0%），二氧化碳（1.5%~3.0%），氮气（3.0%~7.0%），少量的氰化氢、硫化氢等。焦炉煤气的爆炸极限为6.0%~30.0%（体积），爆炸下限较低、范围较宽，且氢气含量较高，极易回火爆炸。

5.2.2 事故经过

2013年9月25日后，气柜内活塞密封油液位呈下降趋势。9月30日后，气柜内10台气体检测报警仪频繁报警。10月1日后，密封油液位普遍降至200mm以下[正常控制标准为（280±40）mm]。对以上异常，甲公司二分厂化产车间操作人员多次报告，二分厂负责人一直没有采取相应措施。10月2日，甲公司安全部下达隐患整改通知书，要求检查气柜可燃气体报警仪报警原因等。10月5日11时化产车间检查发现气柜内东南侧6~7个柱角处有漏点，还有1处滑板存在漏点；二分厂负责人对此也未采取相应安全措施，而是安排于当日16时恢复气柜运行。10月5日17时，报警显示气柜内2~3个监测点满量程报警。10月6日后，气柜内一氧化碳气体检测报警仪继续报警，企业仍未采取有效措施。期间，联系了设备制造厂准备对气柜进行检修。10月8日凌晨开始气柜低柜位运行10月8日8时至事故发生前，气柜内10台检测报警仪全部超量程报警。10月8日10时54分至13时密封油液位2个监控点出现零液位。10月8日13时至15时液位略有回升。10月8日15时至17时再次降至零液位。10月8日17时45分，气柜当班操作人员开始对气柜周围及密封油泵房等区域进行巡检。10月8日约18时，气柜突然发生爆炸。爆炸造成气柜本体彻底损毁，周边约300m范围内部分建构筑物和装置坍塌或受损，约2000m范围内建筑物门窗玻璃不同程度受损，同时引燃了气柜北侧粗苯工段的洗苯塔、脱苯塔以及回流槽泄漏的粗苯和电厂北侧地沟内的废润滑油，形成大火。

5.2.3 原因分析

（1）直接原因

气柜运行过程中，因密封油黏度降低、活塞倾斜度超出工艺要求，致使密封油大量泄漏、油位下降，密封油的静压小于气柜内煤气压力，活塞密封系统失效，造成煤气由活塞下部空间泄漏到活塞上部相对密闭空间，持续大量泄漏后，与空气混合形成爆炸性混合气体并达到爆炸极限，遇气柜顶部4套非防爆型航空障碍灯开启，或者气柜内部视频摄像头和射灯线路带电，或者因活塞倾斜致使气柜导轮运行中可能卡涩或者与导轨摩擦产生的点火源（能），发生化学爆炸。

① 爆炸性混合气体的形成：气柜自投用以来，密封油一直没有更换，对其改质实验发现了黏度下降、出现重锈等不合格项。9月25日后，密封油位呈下降趋势，事故发生前2个多小时，两个检测点油位为零，对角油位差超出允许范围，活塞倾斜度超出工艺要求；致使密封油大量泄漏，密封油静压小于气柜内煤气的压力，活塞密封系统失效。9月30日后，活塞上方安装的10台一氧化碳检测探头频繁报警，10月8日8时后全部超量程报警。证明

103

事故发生前，气柜活塞下部煤气已冲破、击穿密封油或走短路而泄漏到活塞上部相对密闭空间，经过长时间持续泄漏和事发当天大量泄漏，煤气与空气混合形成了爆炸性混合气体。

②事故调查中排除了空气自冷鼓工段煤气压缩机前或冷鼓工段后至气柜入口进入煤气系统，形成爆炸性混合气体并达到爆炸极限引发爆炸的可能，也未发现气柜及其密封机构的设计、制作和安装存在固有缺陷致使煤气泄漏的证据。

③可能的点火源：气柜顶部安装了4套非防爆型航空障碍灯，根据环境光照情况自动智能开启，发生爆炸时，这4套航空障碍灯具备了处于开启状态的条件，是可能的点火源之一。气柜内部的视频摄像头和射灯未经专业设计和安装，从零线而非火线控制开关，无论开、闭，其线路均带电，也是可能的点火源之一。气柜自投运以来，导轮没有实施常规注油维护，事故发生前活塞倾斜度超工艺控制指标，导轮运行中可能卡涩或者与导轨发生摩擦，由此产生点火能的可能性不能排除。事故调查中排除了明火、雷击和静电放电、检修人员钉鞋或作业产生的火花和人为纵火等引发爆炸的因素。

（2）间接原因

甲公司安全生产法制观念和安全意识淡薄，安全生产主体责任不落实，安全管理混乱，项目建设和生产经营中存在着严重的违法违规行为。

①违章指挥，情节恶劣。在发现气柜密封油质量下降、油位下降、一氧化碳检测报警仪频繁报警等重大隐患以及接到职工多次报告时，企业负责人不重视、也没有采取有效的安全措施。特别是事发当天，在气柜密封油出现零液位、检测报警仪满量程报警、煤气大量泄漏的情况下，企业负责人仍未采取果断措施、紧急停车、排除隐患，一直安排将气柜低柜位运行、带病运转，直至事故发生。

②设备日常维护管理问题严重。气柜建成投入运行后，企业没有按照《工业企业煤气安全规程》的规定，对气柜内活塞、密封设施定期进行检查、维护和保养，对导轮轮轴定期加注润滑脂等。在接到密封油改质实验报告、得知密封油质量下降后，也没有采取更换或着加注改质剂改善密封油质量等措施，致使密封油质量进一步恶化，直至煤气泄漏。

③违法违规建设和生产。企业的3#、4#焦炉工程从2010年10月开工建设，到2012年3月开始试运行，一直没有申请办理危险化学品建设项目安全条件审查、安全设施设计专篇审查和试生产方案备案手续，长时间违法违规建设和生产，直至2011年11月被县安监局依法查处后，才申请补办相关手续。气柜从设计、设备采购、施工、验收、试生产等环节都存在违反国家法律法规和标准规定的问题，主要是：爆炸危险区域内的电气设备未按设计文件规定选型，采用了非防爆电气设备；施工前未请设计单位进行工程技术交底；施工过程中没有实施工程监理；施工完成后没有依据相关标准和规范进行验收，甚至未经专业设计在气柜内部及顶部安装了部分电气仪表；试生产阶段供电电源不能满足《安全设施设计专篇》要求的双电源供电保障，试生产过程未严格执行《化工装置安全试车工作规范（试行）》；气柜施工的相关档案资料欠缺等。

④对外来施工队伍管理混乱。事故发生前，企业厂区内先后有5个外来施工队伍进行施工，边生产、边施工，对施工队伍的安全管理制度不健全，对施工作业安全控制措施缺失，甚至在化产车间办公室北侧100m左右搭建临时板房，违规让施工人员生活和住宿在生产区域内，导致事故伤亡扩大。

⑤安全生产管理制度不完善不落实。企业没有按照《工业企业煤气安全规程》的规定，建立健全煤气柜检查、维护和保养等安全管理制度和操作规程，也没有制定密封油质量指标

分析控制制度，安全生产责任制和安全规章制度不落实，企业主要负责人未取得安全资格证书。

⑥ 安全教育培训流于形式。企业的管理人员、操作人员对气柜出现异常情况的危害后果不了解，对紧急情况不处置或者不正确处置。许多操作人员对操作规程、工艺指标不熟悉，对工艺指标的含义不理解，对本岗位存在的危险、有害因素认识不足，以致操作过程不规范、操作记录不完整。从业人员的安全素质和安全操作技能不高，安全培训效果较差。

5.2.4 建议及防范措施

(1) 进一步落实企业安全生产主体责任

化工企业要明确和细化本企业的安全生产主体责任，建立健全"横向到边、纵向到底"安全生产责任体系，切实把安全生产责任落实到生产经营的每个环节、每个岗位和每名员工，其主要负责人要对落实本单位安全生产主体责任全面负责。各级政府及其安全监管、行业主管部门要引导和督促企业牢固树立"以人为本、安全发展"理念，切实让安全生产成为企业的自觉行动，认真执行安全生产政策法规，全面加强安全生产管理；要不断强化安全监管措施，健全法规政策体系，为企业落实安全生产主体责任提供强有力的政策保障；要综合运用法律、经济和必要的行政手段，进一步推动企业落实安全生产主体责任，不断增强安全生产保障能力。

(2) 进一步强化企业安全生产基础工作

化工企业要按照有关法规标准的规定，装备自动化控制系统，对重要工艺参数进行实时监控预警，采用在线安全监控、自动检测或人工分析数据等手段，及时判断发生异常工况的根源，评估可能产生的后果，制定安全处置方案，避免因处理不当造成事故。要按照相关规定，加强对重大危险源运行情况的监测监控，完善报警联锁和控制设施，按规定对安全设施进行检测检验、维护保养。严禁违章指挥和强令他人冒险作业，严禁违章作业、脱岗和在岗做与工作无关的事，严禁未经审批进行动火、进入受限空间、高处、吊装、临时用电、动土、检维修、盲板抽堵等作业。要进一步强化对"三违"现象的管理措施，将"三违"问题作为安全事件或者事故进行管理，实行动态监控和预警预报，坚决杜绝"三违"行为。要建立健全对外来施工队伍的安全管理制度，将外来施工队伍纳入本单位安全管理体系，统一标准、统一要求、统一管理，严格考核。要加强对施工现场、特别是高危作业现场(边生产边施工、局部停工处理或特殊带压作业等)的安全控制，严格控制施工现场的人员数量，禁止无关人员进入施工区域，杜绝在同一时间、同一地点进行相互禁忌作业，减少立体交叉作业，控制节假日、夜间作业，严禁施工人员住宿在生产厂区。

(3) 加快提高应急救援管理水平

化工企业要依据国家相关法律法规和标准要求，进一步完善本企业的应急预案，配备应急救援人员和必要的应急救援器材、设备，定期组织应急救援演练。要始终把人身安全和环境保护作为事故应急响应的首要任务，赋予生产现场的带班人员、班组长、生产调度人员在遇到险情时第一时间下达停产撤人的直接决策权和指挥权，提高突发事件初期处置能力，最大程度地减少和避免人员伤亡。各级政府及其有关部门要按照有关法律法规和标准要求，根据本地区实际，及时组织制定和完善本地区危险化学品事故应急预案。要以减少事故伤亡损失、防止事故蔓延和扩大为目的，定期组织应急演练，不断提高各级政府的事故应急处置能力。

5.3 焦炭塔顶盖锁环未锁到位导致火灾事故

2011年9月23日22点25分，上海某公司2#延迟焦化焦炭塔南塔顶部起火，24日凌晨1点28分，火被扑灭，此次事故没有造成人员伤亡。

5.3.1 基本情况及事故经过

该公司炼油3部2#焦炭塔使用的顶盖机为DGJ-Ⅱ型自动顶盖机。该设备2008年12月左右投用，于2010年12月左右，随2#焦化装置停工大检修之际也进行了整体检修。

2011年9月23日0时54分，该公司2#延迟焦化装置焦炭塔南塔除焦结束，除焦作业人员陈某使用顶盖机将顶盖封闭，用蒸汽试压。1时06分，试压压力至200kPa后，内操通知外操现场检查。1时10分，开始泄压至42kPa。1时19分内操通知焦炭塔外操将焦炭塔南塔用高温油气预热，南塔缓慢升温。6时08分南塔预热结束，焦炭塔切换至南塔开始生焦。18时左右，除焦作业人员瞿某发现南塔顶盖机锁环的液压传动装置活塞杆未推到位，还留有30cm的间隙，随即通知班长林某和装置工艺班当班班长张某，张某立即至现场查看。18时21分，张某通知工艺员胡某。胡某立即到现场检查情况。经瞿某、当班班长张某及工艺员胡某现场确认，南塔顶盖机锁环未到位，并且该部位顶盖和塔体之间的八角垫北侧（靠近锁环液压传动装置部位）有少量青烟冒出。工艺员胡某询问瞿某是否能够将锁环恢复到位，瞿某建议在生焦条件下不要操作，如果再次进行锁环操作可能会发生意外，造成油气大量泄漏。随后工艺员将该情况告知公司负责人。20时装置开始进行岗位交接。21时当班内操从中控室视频探头发现焦炭塔南塔顶盖机冒烟，通知焦炭塔外操杨某至现场检查。21时10分，焦炭塔外操杨某赶到现场检查后，发现该塔顶盖机液压螺栓处冒烟。21时50分，当班班长朱某正常巡检至焦炭塔49m，发现冒烟比半小时前大，立即汇报工艺员胡某，胡某告知第二天修理南塔顶盖机液压螺栓。当班班长朱某为安全起见，通知外操到现场接蒸汽皮龙进行保护。同时，朱某联系公司班长顾某，顾某说问题不大，只需用蒸汽保护即可。22时20分，正在现场进行监护工作的班长朱某发现焦炭塔冒烟再次变大，立即汇报工艺员胡某，准备提前切塔，并通知焦炭塔外操作好提前切塔准备。22时24分，班长和焦炭塔外操正准备下楼进行换塔操作时，突然听到"砰"的一声，南塔顶盖机掀翻在平台上，塔内油气大量泄漏。22时25分，焦炭塔南塔顶部开始着火。班长和焦炭塔外操迅速从49m平台撤离，并通知内操报火警，装置紧急停工，同时汇报作业部值班和公司调度。内操报119火警并通知调度和作业部值班。22时26分，内操按下中控室紧急停车按钮，启动装置紧急停工程序。随后按照应急预案布置各岗位立即停运了现场机泵，切断瓦斯进加热炉与瓦斯进装置阀门。22时50分，在消防部门的配合下，装置人员将与焦炭塔南塔相连的物料管线全部切断。1时28分火被扑灭。

5.3.2 原因分析

（1）直接原因

监控录像显示，除焦作业人员陈某在使用顶盖机在关闭顶盖时，没有对锁环锁紧情况进行检查确认。事故发生前除焦人员、车间操作人员和工艺技术员都在现场看到并确认锁环未锁到位(监控录像),锁环液压缸活塞杆露出白色光亮金属部位。根据事故现场勘查和人员问讯情况,得出事故原因如下:

作业人员在焦炭塔关盖操作时,锁环由"开"位向"关"位移动不到位即停止,焦炭塔自动顶盖机的液压螺栓锁环未锁紧,除焦作业人员没有检查确认,在此情况下焦炭塔进入了生产操作,在焦炭塔生焦阶段,顶盖机头盖在塔内气体压力推动下脱离塔孔,高温油气喷出自燃,导致火灾。

(2)间接原因

① 该公司对承包商的管理有缺失,对服务商履职情况的监督不力。

② 作业部管理人员风险意识、安全意识、责任意识缺失,焦化装置工艺员、炼兴作业人员在知道锁紧环没有锁到位的情况下,没有采取应对措施,没有向作业部值班人员及部领导汇报,失去了避免事故发生的机会。

③ 操作人员和管理人员应急处置能力不足,在顶盖机出现泄漏后,判断不正确,应对不正确,还是没有向上汇报,失去了防止事故发生的最后机会。

5.3.3　建议及防范措施

① 按照要求,在顶盖机锁环部位设置开关位回讯信号,接入 DCS 系统联锁,将此信号与四通阀进行联锁,锁环未关闭到位,四通阀无法切换,同时加机械确认装置,如带远传的定位销,手动操作定位销,确保锁环到位。

② 建议有关企业加强顶/底盖机设备的维护保养能力,提高维保人员的人员素质,加强监测,根据设备运行状况合理确定检修周期,确保设备处于良好的运行状态。

③ 加强技术人员和操作人员在顶/底盖机设备结构、运行原理、操作技能方面的培训,正确处理生产中出现的问题。

5.4　磨煤机内部发生人员中毒窒息事故

2017 年 2 月 23 日上午 9 时 25 分左右,某公司动力厂磨煤机内部发生一起中毒窒息事故,造成 1 人死亡,2 人受伤,直接经济损失 75.99 万元。

5.4.1　基本情况

(1)事故发生单位概况

甲公司成立于 2011 年 12 月 19 日,设计能力年产 60×10^4 t 甲醇,生产区主要布置有煤气化、甲醇、空分、动力(热电)、水处理、供配电等装置。

乙公司成立于 1998 年 7 月 9 日,经营范围:工业建设项目的机械、电子、仪表、电气、管道、整体生产装置的安装调试;各类型石油、化工工程及引进装置、火电厂各类型成套机组及输变电工程与各类型建材、煤气、液化气、石油储藏(柜、站)工程、市政环保、公用、民用建筑项目的设备安装等。

（2）事故发生场所基本情况

甲公司甲醇厂动力厂主要是为空分等生产装置提供蒸汽，主要生产设备有 3 台 220t/h 高温高压煤粉锅炉和配套的 6 台磨煤机。事故发生的具体部位为磨煤机内部，该磨煤机外形为圆柱体，筒体有效内径 2900mm，筒体有效长度 4100mm，筒体有效容积 37.08m³，内部装有磨碎煤块的钢球，进料口为 850mm×850mm 方形管（邻近路侧的管壁上开有人孔门，只有检修时打开），上接输煤管和热风管，出料管道直径为 1000mm，后接管道连通排风机和筛分塔，管道上安装有重力闸门。磨煤机正常停车程序是，先停止输煤，然后，把磨煤机内的煤粉吹干净，再停排风机，重力闸门自动关闭，磨煤机内部形成有限空间。2017 年 2 月 7 日，锅炉水冷壁破裂漏水，锅炉及其配套设备自动紧急停车，磨煤机内部煤粉没有按照正常程序被吹走，存留在磨煤机内部各处。2 月 21 日，甲醇厂动力厂向甲醇厂机动部上报锅炉（包括磨煤机）检修计划，2 月 22 日上午，甲醇厂机动部批准该计划，甲醇厂动力厂让项目部具体实施该计划。2 月 22 日上午，项目部未按规定取得检修工作票和有限空间作业证的情况下，项目部维修班长张某安排秦某把磨煤机人孔门打开，让磨煤机内部与外部环境进行自然通风。

（3）致人中毒窒息有害气体分析

由于磨煤机是非正常停机，内部存有煤粉，磨煤机内的原煤水分为 8%～10%，进入磨煤机的热风温度为 300℃以上，出磨热风为温度 80℃以上，磨机内煤的温度较高，部分煤粉热解产生一氧化碳等有毒气体，直到 2 月 22 日上午，磨煤机才打开了人孔门，用于自然通风。经过现场勘验、调查询问和查阅相关记录，中毒受伤人员临床病例诊断治疗方案，甲醇厂中化室的工作人员对磨煤机内的氧气、一氧化碳、硫化氢进行检测结果等情况综合进行科学分析，调查组认为：磨煤机事故发生时的有害气体应为一氧化碳。

5.4.2 事故经过

2017 年 2 月 23 日上午 8 时 30 分班前会上，项目部维修班长张某安排张某等 4 人对磨煤机内外进行检查。会后，张某带领秦某 3 人来到磨煤机进行检查，随后张某离开，9 时 25 分左右，甲醇厂动力厂工艺专工刘某发现有人晕倒在磨煤机内，于是跑到项目部值班室喊人救援，张某、梁某、任某等闻讯赶到事故现场，梁某第一个进入磨煤机内救人，进入磨煤机十几秒后，也晕倒在磨煤机内距人孔门大约 1m 处，随后张某吸了口气进去抢救，在几个同事的帮助下，把梁某救了出来，抬到通风处，进行人工呼吸抢救（随后梁某醒过来），紧接着任某进入磨煤机内把秦某救了出来，抬到了通风处，做人工呼吸抢救。9 时 50 分左右，120 救护车赶到，将秦某和梁某送至医院抢救，张某随后骑电动车去医院接受治疗。2017 年 3 月 24 日夜晚 11 点多钟，秦某医治无效死亡。

5.4.3 原因分析

（1）直接原因

项目部员工秦某，在未取得有限空间作业证，对有限空间危险情况不了解的情况下，未佩戴相应的劳动防护装置，违规冒险进入危险场所有限空间内进行作业，导致中毒窒息。

（2）间接原因

甲醇厂安全生产主体责任落实不到位，与承包单位签订事故免责协议，不符合《中华人民共和国安全生产法》的相关规定，对承包单位的安全生产工作疏于管理，没有定期对承包单位开展安全生产检查，对承包单位安全生产工作中存在的问题未能及时发现和纠正，厂区安全管理存在漏洞。

乙公司对项目部安全生产管理不力，项目部安全规章制度不健全，安全检查不到位，职工安全培训不到位，个人防护装备配备不齐全，缺乏应急救援演练，违章指挥、违章作业现象严重。

5.4.4 建议及防范措施

① 甲醇厂和乙公司要严格落实企业安全生产主体责任。甲醇厂要加大对承包企业的安全生产管理工作，杜绝签订无效的事故免责条款，把承包单位的安全生产工作纳入到本单位的安全生产工作之中，统一管理，统一检查，统一考核；乙公司要加强对驻外单位的安全管理，要定期进行安全检查，积极与发包单位结合，确保安全生产工作与生产工作同部署、同落实，责任到人、考核到位。

② 甲醇厂和乙公司必须全面完善企业的安全生产管理工作。规范业务承接到组织施工的全过程管理。要全面开展生产现场作业风险辨识工作，特别是对有限空间等较大风险作业，必须制定切实有效的风险防范措施并严格落实；必须加强生产现场的安全管理，要进一步强化进入有限空间作业的安全管理，严格条件确认、作业许可和现场监控，落实防护监护措施，杜绝"三违"现象，确保施工作业安全。

③ 甲醇厂和乙公司必须加强安全警示标识的设置工作，在排查出的每个有限空间作业场所或设备附近设置清晰、醒目、规范的安全警示标识，标明主要危险有害因素，警示有限空间风险，严禁擅自进入和盲目施救。

④ 甲醇厂和乙公司必须依法开展对作业人员的安全教育培训工作，切实提高全体员工辨识作业岗位及环境存在危险有害因素和应急处置的能力；杜绝违章指挥，违章作业，冒险作业。

⑤ 甲醇厂和乙公司要制定和完善有限空间作业应急预案，配备必要的应急防护装备，开展针对性的应急演练，要加强作业现场应急设备设施的管理，强化应急处置突发事件的能力。

⑥ 甲醇厂和乙公司要组织全面开展隐患排查治理工作，隐患排查治理工作要做到全覆盖，对查出的隐患，要认真进行整改，一时难以整改的，要做到责任人、时限、资金、措施、预案"五落实"，确保整改到位。

第6章　危险化学品其他安全事故

6.1　冷凝管检修作业发生硫化氢中毒事故

2015 年 5 月 16 日 6 时 27 分许，山西某公司在对二车间南炉组 3# 冷却池内 9# 冷凝管进行检修作业时，检修人员吸入泄漏的硫化氢致 1 人中毒死亡，盲目施救又造成 7 人中毒死亡，事故共造成 8 人死亡、6 人受伤，直接经济损失 538 万元。

6.1.1　基本情况

（1）企业概况

该公司成立于 2006 年 5 月，建有 2 个生产车间，共有 47 组反应炉及配套生产设施，年产二硫化碳 1.2×10^4 t。

（2）生产工艺装置情况

该公司采用兰炭和硫黄为原料，外烧炉甄法二硫化碳生产工艺，包括：原料预处理（烘炭和熔硫）、合成、脱硫、冷凝、蒸馏提纯、克劳斯尾气处理等六个工序。具体流程为：兰炭和硫黄在反应炉中反应生成混合气体（主要成份有二硫化碳、硫化氢、二氧化硫等），混合气体通过大管、脱硫器、二道管进入冷却池中的冷凝管分离得到其中的大部分二硫化碳液体，经粗品槽进入精馏装置得到成品二硫化碳，进入成品罐；气体部分经列管式冷凝器再次冷却，剩余尾气经尾气回收管、总冷凝器、溶剂回收器，进入克劳斯炉回收硫黄后排入烟囱。该公司对二硫化碳成品储罐和克劳斯炉采用自动化控制，对烘炭炉、熔硫槽、反应炉、精馏装置等工艺装置采用手动操作。公司共设置了二硫化碳、硫化氢气体浓度检测探头 23 个，报警监控器设在公司办公楼值班室，24h 实时监控。公司还设置有工业监控视频系统。

（3）事故车间炉组基本情况

发生事故的二车间南炉组，共包括 6 组反应炉（12 孔）及配套设施。有从业人员 20 名，其中，管理人员（班组长）1 名，保管 1 名，填料工 10 名，大火工 5 名，兰炭工、克劳斯炉工各 1 名。该炉组正常生产每个周期 24h。反应炉每天 6 时左右加一次兰炭，7 时 30 分以后开始加硫黄，直至第二天凌晨 3 时左右停止。加兰炭后、加硫黄前的气体主要成分为硫化氢、二氧化硫、二氧化碳、一氧化碳等；加硫黄后气体主要成分为二硫化碳、硫化氢、二氧化硫等。2013 年 1 月，该组在更换反应炉时，将冷凝管从原设计的每孔反应炉对应 3 根 108mm×4mm 的冷凝管更换为新买的 1 根 325mm×6mm、材料为 Q235 的冷凝管，并在冷凝管内增加了直径 76mm 的中心冷却管。经现场勘查：发生事故的 3# 冷却池内壁长 7680mm、宽 3840mm、高 2000mm，池内有 3 根直径为 325mm 的冷凝管，冷凝管内各设有一根直径为

76mm的中心冷却管。三根冷凝管分别对应第7~9孔反应炉，从冷却池东侧穿入、西侧穿出，冷凝管东端距池底0.95m，距池顶0.8m；西端管道距池底0.85m、距池顶0.9m。9#冷凝管距南侧池壁30cm。在9#冷凝管下部距西侧池壁1.4~2.4m之间，分布有7个不规则漏孔。冷却池西侧有冷凝器，冷凝器出口的尾气排空口距离池顶高度约1.66m，4#和5#冷凝器临近3#冷却池，最近的4#冷凝器距离池内壁0.5m。2#、5#、6#冷凝器出口的尾气排空口分别用塑料膜和编织袋封堵，1#、3#、4#冷凝器出口的尾气排空口塞有木塞，4#冷凝器的尾气排空口下存在腐蚀漏孔。尾气总冷凝器下部尾气进气段内存有25cm高的二硫化碳液体，二硫化碳排液管(进1#计量槽)管口堵塞，总冷凝器出口后的尾气回收管堵塞。

6.1.2　事故经过

经调查，5月12日，该公司气体检测报警系统发生故障，5月14日马某在安全例会上安排了维修更换事宜，5月15日，宋某与厂家联系，签订了合同并预付了20000元维修款，事故发生前未修复。2015年5月12~14日，二车间南炉组班组长郭某连续三天回收产品发现5#计量罐的水封液位明显上涨，怀疑冷凝管漏水。14日，郭某向张某汇报了该情况，张某安排郭某对3#冷却池内9#冷凝管的中心冷却管进行断水检查，经检查漏水不是中心冷却管引起的。5月15日，二车间南炉组正常生产。按照张某的安排，早9时20分，郭某对经排水后露出水面的9#冷凝管进行手摸检查，发现管道底部有一小拇指大小的孔洞，然后用水不漏(高效水泥)、铁丝、铁板、塑料膜等材料对孔洞进行了封堵，堵漏后又放水把冷凝管全部淹没至要求位置。5月15日14时30分左右，田某给已下班回家的郭某打电话，告知9#冷凝管比原来泄漏的更大了，郭某让田某给张某汇报情况。

调查组通过查看该公司工业监控视频和对企业相关人员询问调查，事故发生过程如下：2015年5月16日5时58分开始，二车间南炉组接班的填料工崔某两人从南至北依次给各孔反应炉加兰炭，6时3分给9#反应炉(与发生泄漏的9#冷凝管对应)加了兰炭。6时14分，张某从反应炉炉顶下来后上到3#冷却池上，查看9#冷凝管的泄漏情况，当时3#冷却池内三根冷凝管管体经凌晨排水后均露在水面上。6时15分，田某上到3#冷却池上，手拿塑料膜和其他堵漏材料准备处理泄漏的冷凝管。6时21分，在张某的指挥和配合下，田某检修泄漏的9#冷凝管，检修过程中，田某在池内中毒昏倒。6时27分张某呼救并对田某施救，随即也昏倒在池内。二车间中炉组准备收产品的吴某(二车间中炉组保管)听到张某的呼救声后，边喊边跑，上到二车间南炉组炉顶叫崔某二人停止加炭、赶快下去救人。6时29分以后，在吴某的呼救下，车间中十几名工人均未佩戴防毒面具，先后上到3#冷却池施救。在此过程中，崔某跌入南侧相邻的4#冷却池中，后被他人救出。随后有人用塑料膜和编织袋塞住了冷却池西侧2#、5#、6#冷凝器出口的尾气排空口(尾气排空口仅在清理管道堵塞时打开，生产时密闭)，张某4人相继在冷却池内中毒昏倒。6时35分至48分，一车间的6人闻讯分别赶赴事故现场施救，施救中救援人员均未佩戴防毒面具(部分人员戴口罩、捂毛巾)，此过程中将张某救出池外，崔某中毒掉落池外受伤，马某在池内中毒后被他人救出池外，王某、马某在池内中毒倒下，后被他人救出池外。6时58分至7时50分，二车间和一车间共十几人，对冷却池内中毒人员进行施救，最终将冷却池内中毒昏倒的张某等人全部救出池外。

6.1.3　原因分析

(1) 直接原因

公司分管生产副总经理张某未按规定办理受限空间安全作业证，违章指挥并亲自带领作业人员冒险进入泄漏有硫化氢的 3#冷却池违章检修作业，吸入硫化氢气体中毒。救援人员未佩戴应急防护器材，盲目进入池内施救，造成伤亡人员扩大，是该起事故的直接原因。

① 事故发生时，该炉组正处于加兰炭后加硫黄前的工艺阶段，产生的气体主要是硫化氢、二氧化硫、二氧化碳、一氧化碳等。经调查，3#冷却池中集聚的硫化氢气体来源主要是池内发生泄漏的 9#冷凝管，其次是冷却池西侧处于开口状态的冷凝器尾气排空口（正常生产状态，冷凝器尾气排空口应该关闭）。3#冷却池内 9#冷凝管因腐蚀，下部出现有 7 个泄漏孔，检修前经排水后，冷凝管已经全部露出水面，冷凝管中微正压的混合气体可直接泄漏到池内。由于二氧化硫易溶于水，会形成亚硫酸，冷却池中积聚的有毒气体主要为硫化氢。该炉组尾气回收管因长期不进行清理，已致管道堵塞和总冷凝器下部排液管管口堵塞形成了液封，尾气无法正常通过尾气总冷凝器排入到尾气回收系统，致使事故发生时冷却池西侧本应处于关闭状态的 2#、5#、6#冷凝器尾气排空口处于开口状态，排空口排出的气体中的部分重气体在当时气象条件（风速 0.2m/s，气温 12℃）下可扩散到侧下方的冷却池内，增大池内的硫化氢浓度。

② 违章指挥、违章作业。张某违反公司《受限空间作业安全管理制度》，未办理《受限空间安全作业证》，在明知反应炉加炭后检修区域内会存在较高浓度硫化氢的情况下，未采取停止加炭，对 3#冷却池空间进行气体检测分析，对 3#冷却池内冷凝管与脱硫器和冷凝器连通的管道采取有效的隔离措施，未采取佩戴空气呼吸器或隔离式防护面具等安全措施，违章指挥田艮会进入受限空间冒险违章进行检修作业。

③ 盲目施救。检修作业人员田某在池内中毒昏倒后，张某盲目施救也中毒昏倒，其他人员在听到呼救声后，由于缺乏对该场所危险危害因素的了解和认知，缺乏自救互救知识和能力，在没有佩戴空气呼吸器或隔离式防护面具（少部分人错误地采用毛巾或口罩防毒）的情况下，盲目进行施救，又导致施救人员中 6 人急性中毒死亡、6 人中毒受伤。

（2）间接原因

该公司安全生产主体责任不落实，管理模式不合理，安全培训、应急救援演练及设备管理不到位。

公司法定代表人未有效履行安全生产第一责任人责任，对公司各投资人缺乏管理。分散管理的安全管理模式，造成公司安全监管机构不能有效履行安全监管职责；受限空间作业管理等各项管理制度未落实；安全培训教育管理、应急救援管理不到位，职工安全意识差，缺乏自救互救知识和能力；安全投入不足，对设备的管理维修不及时、不到位，隐患治理不到位，导致生产设备和管道长期带病运行。

6.1.4 建议及防范措施

① 要认真总结事故的教训，牢固树立"科学发展、安全发展"理念，坚守"发展不能以牺牲人的生命为代价"这条红线。建立健全"党政同责、一岗双责、齐抓共管"的安全生产责任体系，全面加强安全生产工作。

② 化工企业要深刻吸取事故教训，进一步落实企业安全生产主体责任，着力提高安全生产规章制度的执行力，切实加强以下管理。一是要严格执行 GB 30871《化学品生产单位特殊作业安全规范》，切实加强受限空间作业等特殊作业安全管理，杜绝"三违"现象。要结合实际，认真辨识和确定存在安全风险的受限空间作业范围，将可能泄漏和聚集有毒有害气体的水池等纳入受限空间进行管理。二是要严格执行化工企业安全生产培训教育和事故应急管

理的规定。结合实际，增强培训教育和应急演练的针对性，使从业人员能够熟悉安全生产知识和安全管理规章制度，熟练掌握岗位操作技能、熟知岗位存在的危险危害因素及防范措施，提高安全意识和应急救援能力。三是要加强设备管理、泄漏管理、安全设施的维护保养管理，加大隐患排查治理力度，严禁设备带病运行。四要加强环保设施管理，严禁擅自停用废气处理设施和随意排放含有有毒有害气体的尾气。

6.2　终冷器检修发生爆炸事故

2015年1月31日7时55分左右，某公司化学分厂粗苯车间终冷器检修期间发生爆炸，造成4人死亡，4人受伤，直接经济损失426万元。

6.2.1　基本情况

焦化装置生产工艺流程主要包括原料、炼焦和化学（化产回收）分厂，分为备煤、炼焦、焦处理、煤气净化等生产工序。其中，化学分厂的生产工艺为：炼焦炉出来的荒煤气经脱除煤焦油、脱硫、脱氨、洗脱苯等工序，将净化后的煤气送焦炉、管式炉和发电使用。

该厂焦化一期（1#~4#焦炉）化产系统建有3座终冷器，自东向西方向呈直线布置，分别为3#、1#、2#终冷器，发生爆炸的为西侧紧邻洗苯塔的2#终冷器。2#终冷器外形尺寸约4m×2.1m×27m，筒体材质为Q235，下部撕裂部位筒体厚10mm，设备内有效容积170m³，设备总重135t；煤气走壳程，循环水走管程，经换热后将煤气由55℃降至25℃。2#终冷器于2004年7月建成投运。2004年投用的1#、2#终冷器为并联，2009年投用3#终冷器与1#、2#终冷器串联使用；生产需要和检维修工况下，也可实现三台或任意两台的并联使用，或每台终冷器的单独使用。2#终冷器DN1200煤气管道采用高进低出方式，进出口煤气管道设有包含蝶阀、眼镜阀的切断阀组；底部设有DN80蒸汽吹扫阀，顶部设有DN150放散阀。阀组的蝶阀原为电动，已损坏，现为手动操作；眼镜阀于2012年10月发现存在故障不能正常关闭，由于维修需要生产系统停产时间较长，因此企业一直未进行维修，采取了加强日常巡检的措施，计划本次停产检修时予以更换。

6.2.2　事故经过

焦化一期焦化装置化产系统原计划2月2~3日检修，检修内容包括采用不动火方式更换2#终冷器进出口DN1200煤气管道阀组，根据集团公司统一安排提前至1月31日早上8时开始检修。29日对进出口阀组法兰螺栓进行了间隔更换，并关闭了2#终冷器进出口煤气管道阀组中的蝶阀，眼镜阀因已损坏不能关闭；29日晚上开始对2#终冷器采用蒸汽持续吹扫方式置换，31日早上5时和6时左右两次对吹扫2#终冷器进口的蒸汽阀门开度进行了调整（事故后拍照确认蒸汽吹扫阀处于微开状态）。

31日早上7时30分左右，公司登高、检维修等特殊作业票证正在办理过程中，刘某等6名检修人员在未进行安全交接、未拿到特殊作业票证的情况下，提前来到2#终冷器检修现场。刘某负责现场指挥，颜某、张某、王某、杨某负责拆卸阀门，张某负责气体检测等现场监护工作，刘某、颜某、张某等三人先期来到2#终冷器顶部采用倒链等钢制工器具拆卸进口阀组，在王某、杨某、张某正攀爬爬梯准备上到终冷器顶部时，7时55分左右2#终冷器发生爆炸。爆炸造成刘某、颜某、张某、张某等4人死亡，王某、杨某等2人受伤，爆炸波及在附近1#终冷器作业的刘某、王某，致使2人从高处跌落受伤。爆炸还导致2#终冷器向北侧倾倒，砸弯紧邻的架空荒煤气管道，造成距事故点西侧约7m处备用荒煤气管道焊接接缝处轻微开口，导致荒煤气轻微泄漏。

6.2.3 原因分析

（1）直接原因

企业严重违反作业规程，没有采取有效的隔绝、置换措施，致使2#终冷器内进入煤气形成爆炸性混合气体，遇点火源引发化学爆炸。

① 爆炸性混合气体形成原因

2#终冷器检修前，由于眼镜阀已损坏不能关闭，按检修计划应该在煤气主干道蝶阀处加堵盲板。在此项工作未完成的情况下，操作人员只关闭了进出口煤气管道阀组中的蝶阀，由于蝶阀本身有缝隙，不能形成有效可靠切断，导致外部管道内压力为3~4kPa的煤气进入2#终冷器。拆开2#终冷器进口煤气管道DN1200阀组、终冷器内的蒸汽冷凝等均可能造成空气的进入，进而形成煤气与空气的爆炸性混合气体。

② 点火源形成原因

经过调查，未发现动用明火作业的证据，但采用倒链和其他钢制工具进行拆卸进口阀组作业（经过现场取证拍照进口阀组已拆开，下部出口阀组未拆卸），由于金属间的摩擦、碰撞等原因造成机械火花和摩擦热等点火源。

③ 排除的几种可能

经现场调查取证和对相关人员进行询问，一是排除了现场动火引发爆炸的可能，二是排除了人为破坏等引发爆炸的因素。

（2）间接原因

① 公司安全生产主体责任不落实，安全管理不到位。没有赋予烨华焦化相应的人、财、物支配权，安全生产责任制与岗位职务不相匹配，不能有效履行安全生产主体责任；对烨华焦化安全生产工作管理不到位，对此次检修方案审查把关不严，组织监督领导不到位。

② 该公司安全生产主体责任不落实，安全管理不到位。

• 安全生产意识淡薄。企业对《安全生产法》等法律法规贯彻落实不到位，存在重效益轻安全，盲目赶检修工期而事故防范措施落实不力等问题。

• 事故隐患排查治理工作不到位。对终冷器进出口煤气管道眼镜阀长期损坏的安全隐患不重视，没有进行工艺危害分析，没有识别因设备设施不完好可能导致事故发生的危险，隐患长期整改不彻底。

• 企业检维修作业安全管理不到位。对易燃易爆场所的设备检维修安全重视不够，检维修方案不完善不具体，特别是在检维修安全措施方面存在重大缺陷，未明确吹扫后煤气含量检测分析、作业安全监护等安全技术措施；现场检维修安全组织指挥工作不到位，作业许可证管理流于形式，没有严格落实安全隔绝、置换等措施，作业前的风险分析不全面，未对容器内煤气吹扫置换情况进行气体成分检测化验分析，检修开工前没有按照规定落实现场安全交底措施。

• 安全教育培训不到位。检维修作业人员安全意识淡漠，安全素质较低，对相关作业的危害性认识不足；检维修人员违反检维修管理制度和特殊作业票证管理规定，没有采取加堵盲板、现场气体分析等安全措施，违章冒险作业。

③ 街道办事处安全生产属地监督监管责任落实不到位，对辖区内安全生产工作监管不力，对该焦化有限公司安全生产监管不到位，督导检查该企业排查治理安全隐患不到位。

6.2.4 建议及防范措施

针对这起事故暴露出的突出问题，为深刻吸取事故教训，进一步加强化工行业安全生产工作，有效防范类似事故重复发生，提出如下措施建议：

(1) 进一步强化安全监管工作

一是加强属地管理。要严格按照"党政同责"和"一岗双责"要求落实安全管理责任，党政一把手必须亲力亲为、亲自动手抓。要牢固树立安全发展理念，始终把人民群众生命安全放在第一位，坚持安全生产高标准、严要求，招商引资、上项目要严把安全生产关，加大安全生产指标考核权重，实行安全生产和重大安全生产事故风险"一票否决"。二是强化部门监管。各级行业主管部门要坚持管行业必须管安全、管业务必须管安全、管生产经营必须管安全的原则，认真履行行业安全监管职责，切实加强行业安全监管，加大行政执法力度，严厉打击非法违法生产经营行为，彻底治理纠正和解决违规违章问题。要进一步创新方式方法，采取随机抽查、突击夜查、明察暗访、回头复查、交叉检查、异地执法等形式开展执法检查，继续深入开展安全生产大检查，督促企业严格按照《危险化学品企业事故隐患排查治理实施导则》的要求，落实隐患排查治理主体责任，认真执行外聘专家查隐患制度，彻底排查治理隐患。

(2) 进一步落实企业安全生产主体责任

化工企业要按照国家有关规定，进一步健全安全生产责任体系，落实企业安全生产主体责任。一是企业董事长、党委书记、总经理必须对本单位安全生产同时担责；二是企业安委会主任必须由董事长或总经理担任；三是企业领导班子成员必须承担相应的安全生产工作职责，做到"一岗双责"；四是企业安全生产情况必须定期向董事会、业绩考核部门报告、向社会公示；五是企业内部必须配齐配强专门的安全生产机构和专职人员。切实做到安全责任到位、安全投入到位、安全培训到位、安全管理到位、应急救援到位。要认真推行安全生产岗位管理实名制，完善内部岗位管理实名目录和工作制度，把安全生产责任明确到具体的领导成员和工作人员，做到责任清晰、任务明确、人员到位、管理规范。

(3) 进一步提高检维修作业环节安全管理水平

针对易引发事故的检维修作业薄弱环节，通过举办培训班、现场实操实训等形式，提高企业检维修作业管理水平。严格检维修作业安全管理。严格按照《化学品生产单位特殊作业安全规范》的要求，深入查找检维修及动火、进入受限空间等特殊作业管理制度制订、责任制建立和标准执行等方面存在的问题和隐患，制定并完善检维修作业管理制度，认真开展作业前风险分析；根据"谁审批、谁负责""谁作业、谁负责""谁监护、谁负责"原则，严格作业许可管理；加强作业过程监督，明确专人进行监督和管理；动火作业必须对作业对象和环境进行危害分析和可燃气体检测分析；进入受限空间作业必须按规定进行安全处理和可燃、有毒有害气体和氧含量检测分析。

（4）进一步加强安全生产教育培训

一是强化事故警示教育。要深刻吸取事故教训，高度重视安全生产警示教育，制作典型事故案例图版，在全市重点企业进行巡展，不断提高企业员工安全生产意识，努力做到"四个看待"：把历史上的事故当成今天事故看待，警钟长鸣；把别人的事故当成自己的事故看待，引以为戒；把小事故当成重大事故看待，举一反三；把隐患当成事故看待，杜绝侥幸。二是加强企业内部培训。制定企业内部培训内容目录清单在全市化工企业予以推广，要求各企业制定年度安全培训计划并报县区安监局备案，严格按计划开展培训工作，保证培训学时，提高培训质量，完善培训档案资料。实行公司级安全培训安监部门派员监督制度，由县区局组织人员或指派当地乡镇安监站派员现场监督。

（5）进一步健全完善企业集团的安全管理体系

各类企业集团要建立健全安全组织机构、安全生产责任制及规章制度，不断探索建立一套完整的切合本企业实际的安全生产管理体系。集团公司下属全资子公司作为独立的企业法人，必须履行《安全生产法》等相关法律赋予的安全生产法人主体责任，依法设置安全生产管理机构并配足安全生产管理人员，建立健全安全管理规章制度和岗位安全责任制并加强考核，确保本企业具备安全生产条件所必需的资金投入，严格执行国家有关危险化学品的法律法规、标准规范要求，依法从事生产经营活动。

6.3　酒精装置醪塔未分析未办证作业发生闪爆事故

2015 年 2 月 8 日上午 9 点 30 分左右，某公司在停产检修过程中发生闪爆事故，造成 3 人死亡，5 人受伤，直接经济损失 358.89 万元。

6.3.1　基本情况及事故经过

2014 年 8 月 30 日，该公司停产。2015 年 1 月 5 日企业制定了《2015 年年度综合检维修计划》，于 1 月 8 日制定了《2015 年检维修方案》。检修方案包括检维修作业、特种作业办理相应票证、切断配电室总电源、拆除管道前对管道内物料进行清洗、置换等内容。2 月 7 日，企业开始对醪塔进行检维修，14 时，对装置整体进行蒸汽蒸煮、水洗置换，然后分别用碱水和清水清洗后，停汽、停水、泄压至 23 时，分别拆除醪塔Ⅰ 4m、16m、25m、30m 处人孔盖各 1 个和醪塔Ⅱ 3m、10m、20m 处人孔盖各 1 个，并拆开醪塔Ⅰ和醪塔Ⅱ底部一个排糟管，保持通风状态，但未切断与醪塔Ⅱ底部连接的另一个排糟管、在 20m 处连接的进料管及与顶部连接的导气管。

2 月 8 日 7 时 50 分左右，酒精车间主任孙某安排对醪塔进行检修作业，值班长李某进行具体分组。8 时，现场监护人周某通知安环部宋某对醪塔Ⅱ作业区域进行检测分析，宋某到现场后，首先在醪塔Ⅱ的 3m 人孔处使用便携式可燃气体检测仪进行检测，因检测仪器亏电，检测结果未显示，检测工作无法正常进行。8 时 15 分左右，宋某到办公室充电。8 时 30 分左右，在未完成检测分析和未办理《受限空间安全作业证》的情况下，值班长李某未听周某劝阻，带领 8 名人员（包括 1 名监护人）携带钢制摇把、套筒头和小铁铲等工具进行醪塔Ⅱ作业。其中，李某、孙某、许某、梁某 4 人由 20m 平台进入醪塔Ⅱ拆除塔板，张某、杨某、刘某 3 人由 10m 平台进入醪塔Ⅱ拆除塔板，贺某 1 人在 10m 平台人孔外接拆除的塔板，周某 1 人在 10m 平台人孔外监护。9 时 10 分左右，拆除塔板过程中，因套筒头掉落，李某安排周某去电工室领取套筒头。9 时 30 分左右(已拆除醪塔Ⅱ上半部 3 层塔板、下半部 2 层塔板)，20m 平台检修人员在拆卸塔板过程中，发生闪爆。闪爆产生的冲击波导致塔顶部除沫板坠落，进而致 20m 平台 4 名人员连同 10m 和 20m 之间的塔板全部坠落，10m 平台 3 名人员受到上方坠落塔板的物体打击受伤，贺某在 10m 平台因热气从人孔喷出灼伤左脸。

6.3.2 原因分析

(1) 直接原因

企业对装置进行整体蒸汽吹扫置换不彻底，没有彻底隔绝与醪塔Ⅱ相连的工艺设施，残余酒精蒸气或醪液发酵生成沼气与空气在醪塔内形成爆炸性混合物；检修人员使用非防爆工具拆卸并递送塔板，工具与塔板、塔板之间或塔板与塔壁发生碰撞刮擦产生机械火花，引起醪塔内上部空间闪爆，导致醪塔顶部的除沫板坠落，进而致 20m 平台 4 名人员连同 10m 和 20m 之间的塔板全部坠落。

(2) 间接原因

① 该公司安全生产主体责任不落实。该企业与其他企业属同一法人控制的关联公司，相当于一个"大车间"，其主要负责人对安全生产工作不重视，安全生产意识淡薄，企业安全生产责任制与岗位不相匹配，安全管理职责权限不明确，造成安全管理混乱。

② 检维修及特殊作业环节管理不到位。一是《2015 年检维修方案》制定不详细，未详细列明本次检维修与醪塔Ⅱ切断的工艺管道；危险有害因素分析不全面，未分析醪塔Ⅱ上部空间存在可燃气体的可能性；未明确提出要使用防爆工具；未提出检修要采取防止塔板垮塌的安全措施。二是检维修及受限空间等特殊作业管理制度不落实，在未对作业空间进行可燃气体检测、未办理《受限空间安全作业证》的情况下，进入受限空间作业。三是值班长在安全管理人员告知不得进行作业的情况下，仍安排工人进行冒险作业。四是监护人未尽监护职责，作业期间监护人离开检修现场。

③ 安全设施不完善。未采取防止塔板垮塌的措施；醪塔Ⅱ 10m 和 20m 之间未采取避免伤害的隔离措施；没有防止除沫板坠落措施，造成事故扩大。

④ 安全生产培训教育不到位。安全培训内容缺乏针对性，检维修作业人员安全素质较低，缺乏必要的安全生产知识，对相关作业危险有害因素认识不足，违章作业、违反作业规程。

6.3.3 建议及防范措施

针对事故暴露出的问题，为深刻吸取事故教训，严格落实企业安全生产主体责任，进一步加强危险化学品行业安全生产工作和地方政府及有关部门监管责任，提出以下防范措施和建议：

(1) 深刻吸取事故教训，严防类似事故发生

一是责令该公司立即停止生产和检维修活动，认真吸取事故教训，立即组织开展隐患排查，认真排查每个车间、每个装置、每台设备存在的安全隐患，并制定防范措施。企业在恢复生产前，要经市、县有关部门依法组织对其安全生产条件进行验收确认，在符合要求的前

提下方可恢复生产。二是企业要加强检维修环节的安全管理。对检维修前要制定详细的检维修方案，要对装置彻底进行吹扫置换，多层作业面检修时要采取互相之间避免伤害的措施。三是企业要定期开展检维修、动火、进入受限空间等特殊作业的全员培训，培训要有针对性、有记录、有考核。四是提高对酒精生产企业的安全管理标准要求，酒精生产企业不仅要满足轻工行业的标准、规范要求，也要严格执行化工行业的法律法规、标准、文件的规定，强化管理。五是切实抓实隐患排查治理工作。落实隐患排查治理主体责任，认真执行外聘专家查隐患制度，督促企业深入查找各项安全操作规程的制定和执行过程中存在的问题，定期评审并及时修订完善安全操作规程。

（2）进一步落实企业安全生产主体责任，强化企业安全生产基础工作

一是进一步健全完善企业集团的安全管理体系。各类企业集团要建立健全安全组织机构、安全生产责任制及规章制度，不断探索建立一套完整的切合本企业实际的安全生产管理体系。集团公司下属全资子公司作为独立的企业法人，必须履行《安全生产法》等相关法律赋予的安全生产法人主体责任，依法设置安全生产管理机构并配足安全生产管理人员，建立健全安全管理规章制度和岗位安全责任制并加强考核，确保本企业具备安全生产条件所必需的资金投入，严格执行国家有关危险化学品的法律法规、标准规范要求，依法从事生产经营活动。二是企业要按照 GB 30871—2014《化学品生产单位特殊作业安全规范》要求，修订完善本单位特殊作业管理制度、奖惩制度和安全操作规程，监护人员应坚守岗位，在风险较大的特殊作业时，应增设监护人员，层层落实特殊作业的管理责任。还要严格落实加强检维修以及动火、进入受限空间等特殊作业环节的八项措施，杜绝特殊作业环节生产安全事故发生。三是要认真落实《化工（危险化学品）企业保障生产安全十条规定》的规定，严禁违章指挥和强令他人冒险作业，严禁违章作业、脱岗和在岗做与工作无关的事，把"三违"问题作为安全事件或者事故进行管理，实行动态监控和预警预报，进一步强化对"三违"现象的管理措施，坚决杜绝"三违"行为。四是加强企业全员安全教育培训，强化"三级教育"培训的针对性和时效性，切实提高员工危险意识和安全操作技能，并严格考核。

（3）认真履行安全生产属地监管和行业监管责任

一是各级各部门要认真贯彻安全生产工作的重要精神，强化依法治安，按照"管行业必须管安全，管业务必须管安全，管生产经营必须管安全"的要求，建立健全"党政同责、一岗双责、齐抓共管"的安全生产责任体系，全面落实政府属地监管、行业主管部门直接监管和安监部门综合监管责任；二是各级人民政府要进一步明确各部门安全生产监管职责，建立健全"横向到边、纵向到底"网格化安全生产监管体系，要引导和督促企业牢固树立"以人为本、安全发展"理念。

6.4　加装空冷器切割作业导致燃爆事故

2009 年 12 月 14 日 10 时 40 分左右，北京某公司组织乙公司项目部实施炭黑水生产设备加装空冷器作业过程中，作业人员在使用气焊切割炭黑水罐顶部上方输水管线时，引发炭黑水罐体内聚集的可燃气体爆燃，罐体飞落至北侧厂房顶部（约 12m 高），导致罐顶上的 3 名作业人员当场死亡。

6.4.1 基本情况

据调查,该公司炭黑提取设备自2008年启用,该造气装置通过燃烧重油制造一氧化碳和氢气混合气体,用水洗涤混合气过程中产生炭黑水(检测结果显示,该炭黑水夹带了极其微量的混合气体,主要成分有一氧化碳、氢气和甲烷)。化工四厂通过管线将炭黑水输送到该公司炭黑水储水罐,该公司采用离心泵通过罐底部的管线将炭黑水打进压滤机过滤出炭黑用于销售,过滤后的清水输送到炭黑水罐北侧的储水罐。

施工期间,该公司没有告知乙公司炭黑水罐内存在易燃易爆危险因素。按照该公司《安全用火管理制度》规定,炭黑水罐顶部上方管线切割作业属于一级动火,由该公司办理用火票、对动火地点进行测爆分析后,开具分析单(测爆合格后如超过1h才动火的,必须再次进行测爆分析)附在用火票上。外来施工单位配合落实防火措施。一张用火票只限一处动火使用,一级用火票有效时间不超过8h,用火票不得涂改、代签。一级用火应当经厂安全监督部门对现场检查确认安全措施后,方可签发《用火票》。该公司应当与乙公司分别派出现场监护人员监督。

改造施工过程中,该公司分别于12月3日和10日,开具了3张三级用火票,用于空冷器的散热器制作。其中,12月10日的2张用火票是该公司安全员董某按照陈某的要求,联系检测中心的韩某到炭黑水罐区动火地点进行可燃气抽样检测合格后开具的。韩某按照董某的要求,在炭黑厂房外爆炸罐西侧墙根和车棚下分别检测后出具了2张检测合格单,董某随即开出了两张用火票,并在审批人栏内代签了该公司总经理吴某的名字,该用火票均属于三级动火,动火周期为12月10日至16日,动火实际检测地点为炭黑厂房外部,不属于炭黑水罐顶部上方的管线。该公司没有针对炭黑水罐体上的管线切割、焊接作业开具相应级别的用火票。

6.4.2 事故经过

12月14日上午8时许,乙公司技术员牛某电话告知陈某准备在炭黑水罐上方管线进行空冷器连接作业,并让其通知上游单位停止供应炭黑水。8时10分左右,乙公司高某等6人到空冷器作业现场进行空冷器管补漆、组装和连接作业的准备工作。陈某也指派炭黑车间负责人孟某带领监火工李某到达作业现场,具体指挥接管作业。9时40分左右,陈某赶到作业现场后,电话通知该公司总经理吴某,由其电话通知化工四厂丁辛醇造气装置车间停止供应炭黑水。9时50分左右,该车间停止炭黑水供应。10时30分左右,孟某在炭黑水储罐顶部通知正在罐体下方给空冷器管补漆的李某和程某,到罐体顶部切割水管,安装阀门。李某和程某按要求携带气割工具上到罐顶后,程某让李某到地面重新测量预置阀门尺寸。孟某让李某到罐顶运送材料。10时40分左右,李某在地面将阀门尺寸后告诉程某后,程某用气焊切割距离罐顶敞口处1m左右的输水管线。管线刚刚切透,炭黑水储罐内气体随即发生爆炸,罐体底部开裂,整个罐体飞到北侧三层楼顶部,站在罐顶的孟某、李某、程某被抛落至罐体周边地面,当场死亡。

6.4.3 原因分析

(1)直接原因

炭黑水储罐内聚集的可燃气体达到爆炸极限、现场负责人违章指挥动火作业,是造成该起事故的直接原因。

经调查分析，上游单位炭黑水通过密闭管线输送给该公司，输送过程中炭黑水中夹带有微量的一氧化碳、甲烷等可燃气体，可燃气体在炭黑水储罐内长期聚集，达到爆炸极限，遇明火发生爆炸。

施工现场负责人孟某在未按照规定开具相应级别用火票、未对动火地点周边罐体内的气体进行检验检测的情况下，贸然指挥作业人员切割管线，导致罐内气体遇明火发生爆炸。

（2）间接原因

该公司对炭黑水储罐内的危险因素认知不够，安全用火管理混乱；乙公司对员工安全管理不到位，乙公司测量工程某无特种作业证切割管线，是造成这起事故的间接原因。

该公司虽制定了《安全用火管理制度》，但贯彻落实不到位，未按照本单位安全用火相关管理规定办理炭黑水罐顶部上方管线切割用火票；安全员在用火票审批人栏内随意代签；未检验检测炭黑水罐内是否有可燃气体。

乙公司对现场作业安全管理不到位，施工作业人员未认真核对该公司出具的用火票内容，按照该公司的违规要求实施动火作业；该单位作业人员程某无特种作业人员操作资格证进行气焊切割作业。

6.4.4 建议及防范措施

该公司要认真吸取本起事故教训，进一步完善和严格落实用火管理制度；加强对从业人员的安全培训教育和动火作业的安全检查；明确与化工四厂的生产边界及相关安全管理责任；进一步加强对本单位各个生产环节的隐患排查，全面落实国家和北京市有关隐患排查的各项管理规定；进一步完善炭黑提取工艺，在炭黑水进入生产原料储罐前加装控制阀门；加强对外施单位的安全管理和监督检查，做到技术交底清楚。

乙公司要从本起事故中吸取深刻教训，加强施工现场安全管理，认真落实安全生产岗位责任制度。同时，要加强对特种作业人员的管理，严禁无证上岗作业，杜绝违章作业现象。

6.5 甲醇厂汽化系统真空闪蒸罐清灰作业中毒窒息死亡事故

2015年10月19日14时30分左右，江苏某公司在甲醇厂汽化车间汽化系统真空闪蒸罐进行清灰检修作业时，3名罐内清灰作业人员中毒窒息死亡。

6.5.1 基本情况

事发场所江苏某公司甲醇厂汽化系统真空闪蒸罐位于汽化车间渣水处理系统，总高度12.8m，上段为圆柱形，直径3.4m，下部为锥形，锥体高度3.08m。锥体底部为黑水出水口（清灰时拆开作为出渣口）。在距锥体底部3.58m的罐体中部设有一中部人孔。罐体有效容积98m³，工作压力为-0.056MPa，工作温度为79℃。

甲醇厂汽化系统清灰作业在2009年9月汽化装置建成试车后至2011年间，因为装置故障频次高、负荷低，因此真空闪蒸罐结垢极少，简单用水冲洗即可满足生产要求。2012年开始至今，随着生产日趋稳定，负荷提高，真空闪蒸罐结垢较多，开始采用人工进罐清灰作业方式，即在打开人孔后，人工进罐用铁铲、风铲等工具，铲除罐壁上的灰渣。灰渣在罐内堆积呈上部薄而少，下部厚度逐渐增加。罐内灰渣正常情况下3个月左右轮流清理一次。

6.5.2 事故经过

2015年10月，甲醇厂决定对汽化车间真空闪蒸罐进行检修。2015年10月13日造气系统停车，10月14日进行系统吹扫和盲板隔离。承包方10月15日进厂作业，打开事故罐中部人孔及底部出水口，10月16日进入事故罐内搭设脚手架（其间10月17日、18日周末休息停工）。

10月19日上午9时左右，甲醇厂汽化车间汽化运行班巡检副操严某办理了《施工检修安全作业证》和《受限空间安全作业证》。9时3分甲醇厂生技科分析工王某用多功能测爆仪检测了事发真空闪蒸罐内气体含量，检测合格。9时30分左右，严某通知该公司甲醇厂检修项目负责人李某。后者安排宋某、张某和周某3人进入真空闪蒸罐内作业。3人在清理罐内上部灰渣后，10时40分左右出罐休息。下午13时25分，王某再次对真空闪蒸罐检测合格后，严某通知李某安排张某、周某两人于13时35分左右再次进入罐内作业。14时10分宋某受李某安排也进入罐内作业。严某和李某在罐外监护，其间李某离开到10m远的磨煤岗位布置泵的进出口管道疏通作业。约20min后，站在罐体下方监护的严某发现罐体底部出渣口不掉渣，呼喊罐内作业的宋某等人没有回应，于是爬上罐体中部人孔，发现下面没动静，也看不到下面的作业人员。严某遂分别电话告知（约14时40分）李某和汽化车间运行班副班长唐某。李某接电话后随即赶到真空闪蒸罐旁，趴在人孔处借助头灯发现一名工人弯在罐内，意识到出事，立即电话告知承包公司经理鲍某。唐某接到严某报告后，立即调操作工殷某准备施救。赶到现场后，发现人已没动静，立即向车间主任步某报告。

6.5.3 原因分析

（1）直接原因

磨煤过程中铁棒与煤块磨擦损耗产生的微米铁粉，与原煤中微量硫，在造气过程还原性高温环境中，与铁直接反应生成硫化亚铁；同时送入汽化系统的黑水中所含的少量硫化氢，与铁质容器反应生成的硫化亚铁附着在器壁上。因本次清灰作业罐体于10月15日打开后，其间10月17日、18日周末休息停工，罐内壁上灰渣在空气中暴露时间较长，灰渣水分含量减少，硫化亚铁在灰渣内缓慢氧化积热。在清渣作业过程中，在清除罐体下部较厚灰渣时，铁质工具冲击灰渣磨擦发热，引起其中的硫化亚铁发生链式自热反应，产生的热又引发灰渣中的煤粉氧化产生一氧化碳并消耗氧气，同时释放出灰渣中残存的硫化物，造成施工人员中毒窒息死亡。

（2）间接原因

① 特殊作业过程管理不到位

受限空间作业过程中，入罐作业人员未随身携带有毒气体检测仪，未佩戴空气呼吸器，不能与罐外监护人随时保持联系，安全意识淡薄。承包公司的监护人中途脱岗，没有起到监护作用；甲醇厂生产岗位监护人所处位置不利于有效监护和应急处置，未及时制止入罐作业人员违规行为。特殊作业管理不认真、不到位，是事故发生的主要原因。

② 风险分析不深入

甲醇厂采用人工进罐清灰作业方式，一直没有发现作业中存在的危险因素。甲醇厂在风险分析过程中，对罐内煤灰可能含有硫化亚铁自燃并产生一氧化碳等有毒气体的作业风险认知不足，未进行深入分析，提出改进措施，是事故发生的重要原因。

③ 特殊作业证管理制度执行不严格

甲醇厂在办理《施工检修安全作业证》和《受限空间安全作业证》时，审批人员不到现场检查，现场安全措施不到位，未在作业前全部打开罐体备用人孔、料孔、手孔等通风口，违规审批，未按规定办理登高作业证等，也是事故发生的重要原因。

④ 应急管理不到位

甲醇厂对受限空间的应急救援演练不足，培训不到位，救援中未充分考虑受困人员防护措施，未携带备用长管呼吸器入罐救援，也是事故发生的原因之一。

⑤ 安全生产主体责任不落实

作为发包方，甲醇厂未认真履行监管责任，特殊作业风险分析、安全作业证管理、应急管理不到位，对外来作业人员安全教育、现场监督管理不落实。索普化建作为施工方，对安全生产重视不够，未层层落实安全生产责任，对作业人员的安全教育培训不到位，风险意识淡薄，违规作业，也是事故发生的原因之一。

6.5.4 建议及防范措施

应深刻吸取事故教训，严格遵守"管生产必须管安全"的原则，进一步完善落实安全生产责任制。要高度重视特殊作业安全管理，依据 GB 30871—2014《化学品生产单位特殊安全作业规范》，进一步完善企业特殊作业安全管理制度，理顺特殊作业管理机制，强化《全市化工和危险化学品及医药企业特殊作业安全专项治理方案》的宣传落实，严格落实工艺管理，提升从公司领导到基层员工的安全意识。

各有关单位应举一反三，高度重视风险分析特别是特殊作业环节风险分析管理工作，切实落实全公司所有作业环节特别是施工与检修、受限空间等特殊作业环节作业前风险分析的规定，及时研判作业过程中可能存在的危险有害因素，提出有效的防范措施，进一步落实特殊作业审批制度，防止违规审批行为的发生。要进一步检查完善各类应急预案特别是现场处置方案，配齐配足应急器材，并加强演练，查找不足，提升应急处置的及时性、科学性和有效性。

应强化对职工的安全教育力度，建立和规范教育台帐，切实提高职工安全意识。要进一步督促各层级管理人员提高安全责任意识，加大现场巡查力度，及时发现并制止职工的违章行为。应加强对外来施工的统一协调管理，对进入企业的外来施工人员进行安全教育并进行作业现场安全交底，同时做好相关记录，对外来施工的安全作业规程、施工方案和应急预案进行严格审查，对外来施工的作业过程进行全程监督。要进一步细化双方安全管理职责和应当采取的安全措施，指定专职安全管理人员进行安全检查与协调，确保安全。

6.6 刻蚀机氯气置换操作时发生泄漏中毒事故

2007 年 11 月 8 日，北京某公司职工在进行设备维护作业时，发生氯气泄漏事故，造成15 名工作人员中毒，6 人入院观察。

6.6.1 基本情况及事故经过

2007年11月8日9时，北京某公司前工序车间设备科干刻技术人员对2号多晶硅干法刻蚀机进行停机操作。首先对2号多晶硅干法刻蚀机进行系统吹扫抽真空操作，然后将3号气瓶柜通往2号干法刻蚀机管道上的SV1截门关闭。

17时左右保全工进行3号多晶硅干法刻蚀机送氯气气体置换操作。17时30分开始给3号机供氯气，开启氯气气瓶阀门时，闻到刺激性气味，同时发现有白色气体漏出。气瓶柜上和净化间内报警装置报警，气瓶自动切断装置动作，将气瓶阀门自动关闭。17时31分车间内人员全部撤离，加大新风流量并打开车间通往外部的大门。17时38分对3号气瓶柜和净化间内报警系统进行检查，并将氯气报警器进行复位，此时车间氯气检测装置显示在零位。17时50分再次检查报警装置，同时对新栋净化间的情况进行确认。在前工序车间相关区域设置禁止入内的警示标志，并组织技术人员对2号、3号干法刻蚀设备及管道线路进行检漏，未发现问题。此次氯气泄漏事故造成15名工作人员中毒，6人入院观察，直接经济损失7128.08元。

6.6.2 原因分析

（1）直接原因

经现场勘查发现，SV4手动阀门入口侧连接管件密封垫不严密，在氯气通过AV2、SV4阀门反送到氮气管道时，造成泄漏。

（2）间接原因

该公司在设备吹扫抽真空、气体置换时只安排1人从事作业，违反了该企业"作业时必须二人以上进行作业"的规定。

操作工在进行气体置换时，未按规定佩戴保护用具，违反了前工序车间"作业前必须佩戴好保护用具"的规定。

该公司未对氮气管道进行定期检查，及时发现氮气管道侧SV4手动阀门入口侧连接管件密封垫不严密的现象，及时消除隐患。

6.6.3 建议及防范措施

该起氯气泄漏事故教训深刻，应当采取切实的防范措施，避免类似事故的再次发生。

① 明确对设备检漏及氮气管道定期检查的要求，完善各项规章制度，强化对规章制度执行情况的检查，确保各项规章制度得到全面落实。

② 在全公司范围内认真开展安全检查，发现问题及时采取有效措施进行整改。

③ 强化对职工的岗位培训，特别是高危、要害岗位作业人员的培训教育，提高员工的安全意识。

④ 进一步完善企业突发事件的应急预案，提高应急处理能力。

6.7 污水泵站沉淀池清淤作业时发生硫化氢中毒事故

2013年7月25日15时40分左右，山东某公司施工人员在某社区2#污水泵站沉淀池进行清淤作业过程中，发生中毒事故，造成4人死亡，直接经济损失220.6万元。

6.7.1 基本情况及事故经过

为保证污水站的正常运行，某社区从 2013 年 6 月开始准备对各提升泵站进行清淤，施工任务由该公司承担。

7 月 20 日，该公司施工人员开始对某社区 2# 泵房污水沉淀池进行施工准备，捞取浮渣，使用自备泥浆泵抽水降低水位。21 日，因自备泥浆泵烧坏，停止作业。

7 月 24 日，社区职能部门组织有关单位召开了协调会议，再次强调并进一步明确了施工作业的相关安全防护措施。

7 月 25 日 14 时 30 分左右，4 名施工人员来到该社区 2# 泵房污水沉淀池，进行施工准备，启动临时排水泵排水。14 时 45 分左右，项目经理于某到达现场。14 时 58 分，社区技术质量监督中心质检员王某到现场检查安全防护情况。因现场安全措施未到位，质检员王某对施工负责人于某说："天气炎热，无安全绳，措施不到位，禁止施工，整改后再干。"质检员王某在禁止施工队伍作业后离开。

15 时 40 分，施工队伍在未做整改的情况下擅自开始施工，施工员于某佩戴防尘口罩，在未系安全绳的情况下，携带铁锨下池作业，拟清除堵塞在格栅上的垃圾。尚未下到沉淀池底部（池底水深 1m 左右），就喊"不行，我得上去"，随后扔掉铁锨向上爬，但已抓不住梯子和绳子（提升垃圾用），坠入沉淀池底。经理见状，立即佩戴防尘口罩下去施救，随后施工员于某、孙某未佩戴防护器材也相继下到沉淀池底参与施救，3 人一起托起施工员于某，试图将其顶上来，但 3 人已出现中毒症状，无力将其救出。地面施工人员张某见状，向 3 人身边甩动绳子，呼喊让他们抓住绳子，试图将 3 人拉上来，但 3 人已无法抓住绳子，张某随即呼喊救人。沉淀池旁边的电动车店主徐某闻讯赶来，与张某一起向 3 人身边甩动绳子，3 人已无反应。15 时 43 分，徐某让其女儿徐某拨打"119"报警。徐某拨派出所报警电话，因无法说清情况，就跑到不远处的派出所报警。民警赶到现场后，迅速联系了消防和医护人员到现场施救。

15 时 50 分，该社区消防中队接到报警后，迅速向消防支队指挥中心报告，请求指挥中心协调周边消防队前来增援。社区管理中心接到报告后立即启动应急救援预案，组织、协调、实施救援。16 时 7 分左右，消防队相继赶到现场实施救援，佩戴空气呼吸器、防化服，进入沉淀池，开展施救，依次将 4 名施工人员救出。医院救护人员立即进行了现场诊断和救治，随后送往医院继续抢救。4 人经抢救医治无效死亡，死亡医学证明死亡原因为"溺水"。

6.7.2 原因分析

（1）直接原因

① 施工人员于某违章作业，未佩戴规定的防护器材，在仅佩戴防尘口罩、未系安全绳的情况下，擅自进入污水泵站沉淀池底作业，吸入了硫化氢等有害气体，造成急性中毒，坠入池中溺水，导致死亡。

② 现场其他 3 名施工人员缺乏应急救援知识，在未采取安全防护措施的情况下，相继下到沉淀池底部盲目施救，造成急性中毒、溺水死亡，导致事故进一步扩大。

（2）间接原因

① 进入受限空间作业制度执行不严，是造成事故发生的主要原因。该公司未按照规定要求办理《进入受限空间作业许可证》，未进行危害识别，未制定有效的防范措施，未按规

定取样分析，作业人员未按规定佩戴隔离式防护面具进入受限空间。

② 该公司安全意识淡薄，是导致事故发生的重要原因。施工人员缺乏防范硫化氢、二氧化碳等有害气体的常识，施工人员在现场没有进行有效的危害辨识，没有配备符合规定要求的防护用品，导致事故发生。

③ 该公司安全生产主体责任不落实，是导致事故发生的重要原因。该公司没有按照相关安全规定，对施工队进行有效管理，没有进行安全教育、安全监督检查，对《开工报告》《施工组织设计(方案)》审查不严。

④ 该社区承包商安全监管不到位，是事故发生的原因之一。该社区虽然与承包商签订有《安全施工协议书》，但对作业人员的安全教育针对性不够。对承包商《施工组织设计》中的安全措施审查不细致，把关不严，未指出防硫化氢措施。

该社区对《进入受限空间作业安全管理规定》等制度执行不到位。社区技术质量监督中心质检员负责现场监管工作，虽然到现场进行了检查，对施工人员进行了口头制止，但未按规定进行书面确认，施工现场安全监管不到位。

6.8 雨水提升站改造过程中发生硫化氢中毒事故

2008 年 10 月 27 日 16 时 30 分左右，濮阳某公司在公共事业管理处某雨水提升站改造工程作业过程中，发生硫化氢中毒事故，导致 3 名承包商员工死亡。

6.8.1 基本情况及事故经过

在工程施工中，为了在原有雨水管线上建设闸门井(宽 2.0m、长 2.5m、深 7.9m)，该公司将直径为 1500mm 的原有雨水管线两侧进行了封堵，其中南侧检查井处采用了沙袋封堵的方式，北侧新建闸门井处采用了砖砌水泥抹面封堵的方式。

2008 年 10 月 27 日 14 时 30 分，为了做好工程试运行工作，该公司根据市政建设工程处的安排，由项目工程施工负责人田某带领技术员 6 人到施工工地，拆除新建闸门井的砖砌水泥抹面封堵墙。14 时 40 分左右，李某穿好联体雨裤，丁某、刘某使用直径约 15mm 的麻绳将李某拦腰系住后，李某下到了新建闸门井中，用大锤砸封堵墙。十几分钟后，封堵墙被砸开一个直径约为 100~200mm 的洞口，其南侧 1500mm 雨水管道内的污雨水急速流出，喷出的直线水柱有 1.5m 左右。站在闸门井上监护的负责人田某、丁某、刘某、王某看到水流较急，立即要求李某上来，并将李某拉上井口。待李某上来后，负责人田某、丁某嘱咐李某、刘某等到污雨水泄压后再进行封堵墙拆除工作。随后，二人驾车到县城购买污水提升站用的木门扇。

16 时 20 分左右，李某系好麻绳，刘某在井上监护，再次下到闸门井中，继续进行封堵墙拆除作业。当下到闸门井 2/3 处，李某突然栽入闸门井中。当时正在现场的项目副经理曹某和雨水提升站职工夏某立即跑到值班室，先后向"110""120""119"报警，并开启雨水提升泵进行排水。二人回到现场后，看到匆忙赶来的员工田某已经下井救人。曹某、夏某由于回值班室报警和开启雨水提升泵，未见刘某何时下井。但是，随后听在现场的王某说，刘某也已下井救人。

16时23分，消防支队接到报警；16时26分赶到事故现场，使用便携式检测仪下到井内进行了H_2S检测，并立即开始施救。16时50分左右，李某被救出，并立即送往市油田总医院。18时左右，田某被从新建闸门井内救出，立即送往了医院；由于井内水流较急，井口周围20m内都弥漫着刺鼻气味，影响了救援工作，刘某当天没有被找到。

2008年10月27日晚至28日上午，事故现场组织了持续排水工作。28日10时，在多次冲洗事故井和提升泵间1500mm管线的情况下，救援人员在提升泵前闸门井的闸门口处找到了刘某，救出后送到了医院。李某、田某、刘某经医院抢救无效死亡。

6.8.2 原因分析

（1）直接原因

① 在未开具受限空间作业票的情况下，作业人员未佩戴防护用品进入新建闸门井内进行拆除封堵墙作业，已封堵在1500mm管线中2个多月的污水急速喷出，并释放出硫化氢，导致作业人员硫化氢急性中毒后掉入污水中溺水死亡。

② 现场救援人员缺乏应急救援常识，在未佩戴防护器具的情况下，相继下井救人，导致2人急性中毒后掉入污水中溺水死亡。

（2）间接原因

① 业主、总承包商安全意识淡薄，未履行安全监督管理职责。虽然业主单位公共事业管理处与总承包方、总承包方与分包商签订了工程施工安全协议书，明确了双方的安全责任和义务，但在项目施工作业过程中未认真履行安全监督管理的责任，以包代管。根据项目监理要求，10月24日完成闸门井混凝土施工后，必须7天后才能拆膜，但却在3天后即拆膜作业；事发当天，在施工现场的总承包商的项目部副经理没有制止分包商员工的违章作业行为，在现场不具备作业条件的情况下仍然允许分包商施工作业。

② 施工作业单位未办理"进入受限空间作业许可证"。施工作业单位负责人未到公共事业管理处办理"进入受限空间作业许可证"，未向作业人员进行作业程序和安全措施的交底，未制定硫化氢中毒事故应急预案，违章作业导致事故发生。

③ 未严格执行承包商安全管理规定。分包商某公司不是油田合格承包商，未取得油田安全资格证，不应取得工程施工资格。总承包商和分包商都没有经过入厂安全教育和现场安全教育，导致施工作业人员安全意识淡薄，在没有施工方案、安全措施没有落实的条件下违章作业，事故发生后又在没有任何防护措施的条件下盲目救人，导致伤亡扩大。

④ 项目安全管理存在漏洞。雨水提升站改造工程项目，甲方公共事业管理处未与总承包方签订施工合同，总承包方未与分包方签订施工合同。此外，工程项目的施工组织设计、施工技术方案中都没有1500mm雨水管线封堵、新建闸门井的施工方案、安全防护措施和事故应急预案。

6.9 汽油管线跑油工人故意点火试油
导致下水道爆炸事故

2000年1月27日13时30分，广西某油库由于埋地汽油管线泄漏跑油并部分进入下水道，被附近一民工用打火机点火试油时，发生一起爆炸事故，造成5人死亡、1人重伤。

6.9.1 基本情况及事故经过

2000年1月27日7时40分,广西某油库接卸铁路槽车运来的93#汽油,并通过3.4km长的埋地长输管线(φ159×6mm)转输至该公司的第二油库。8时左右,一市民发现在某路段埋地输油管线漏油,接到报告后,油库立即停泵并组织人员紧急回收,但仍有部分汽油经漏油点附近的雨排口进入下水道并流到一排水池塘。5h后(13时30分),在排水池塘附近施工的一名民工看到水塘上漂浮着油花,闻到汽油味,就用打火机去点火试油,尽管旁边有人制止,该民工仍不听劝阻执意点火,立即引起燃烧,火势顺着敞口排水沟燃烧,窜入下水道引起爆炸,造成了5人死亡、1人重伤。

6.9.2 原因分析

(1)直接原因

这起爆炸事故的直接原因是由于民工故意点火试油引起。而管线漏油的主要原因是管线不均匀下沉,焊缝受到较大的剪切力而裂开。该管线是1993年建成的,3年后(1996年),市电信部门在油管上敷设通讯光缆时违反最小距离的有关规定,在管线裂口点向西7.26m处有一通讯光缆检修井,重约10t,直接压在输油管线上,造成管线垂直向下倾斜159mm,而向东0.74m处管线下端被一块较大的岩石垫住,这些埋地设施造成输油管线不均匀下沉,管线焊缝应力增大,焊缝开裂。同时开裂处焊缝在焊接施工时没有预制坡口,局部有2~3mm没有焊透,焊缝施工质量没有达到技术要求。

(2)间接原因

虽然事故的直接原因是民工点火引起,管线开裂的主要原因是市电信部门违反国家规定,违章施工引起管线不均匀下沉造成。但是,这起事故也暴露出油库在安全管理上存在的许多问题:

①1996年市邮电部门、城建部门在输油管线附近违章施工时,油库发现后,没有对此行为及时采取措施加以制止,没有及时向市政府汇报和反映。在电信部门施工结束后,也没有及时对输油管线安全情况进行检查,从而为这起事故的发生埋下隐患。

②管线工程质量把关不严。发生事故管线是1993年组织施工安装的。管线施工时,没有按规定打坡口,存在焊接质量缺陷,也没有按要求进行施工验收,从而留下了事故隐患。

③长输管线的日常管理不严。油库虽然在1990年制定了巡线制度,但责任不明确,10年来没有严格执行。而且该制度规定每月只巡查4次,在事发当天卸油时也没有进行巡查,直至油料大量漏出后才被发现。

④油库管理松弛。油库都没有正式的卸油操作规程;卸油作业前,卸油工不检查空罐容;泵出口压力表损坏不指示,卸油作业中操作人员不认真巡检,没有巡检参数记录。此次事故中,当班操作工没有认真巡检,没有及时发现输油压力的变化,延长了跑油时间。

⑤缺乏事故预案。由于没有编制事故预案并进行演习,发生漏油后,现场无章可循,内部指挥混乱,措施不得力。

⑥事故隐患整改不落实。这次爆裂的管线,已在上级公司安全大检查时确定为隐患,要求及时整改,但油库没有予以重视,两个多月过去了,没有制定出整改方案,没有落实隐患整改前的防护措施,油库安监部门也没有认真检查监督,致使隐患演变成漏油事故。

1998 年 7 月 31 日下午，某公司施工人员在炼油一部Ⅰ催化装置空冷泵房的凝缩油泵进行检修时，发生一起中毒窒息事故，造成 4 人死亡，直接经济损失约 40 万元。

6.10.1 基本情况及事故经过

1998 年 7 月 27 日，因生产装置不能满负荷生产，经该公司厂务会议研究决定对炼油一部Ⅰ催化装置的部分设备进行检修。钳工六班接到检修计划，对炼油一部已停工的Ⅰ催化装置空冷泵房的凝缩油泵（B214/1）进行检修。7 月 31 日下午，钳工六班由王某负责并带领代某、李某拆卸该泵的大盖螺栓。拆完螺栓后代某走向东窗口处，李某走向南窗口处。然后由王某、纪某和 2 名起重工将已拆完螺栓的泵体进行拆卸。当泵体从泵壳内拖出时，大量凝缩油（主要是液态烃和汽油的混合物）从泵壳处喷出，将约 71kg 的泵体侧向打到距泵壳 1.4m 的地方。瞬间，泵房内被白色雾状气体笼罩，使在泵两侧作业的 4 人中毒窒息。站在泵房窗口的代某、李某在白色雾状气体笼罩的泵房内摸到门口跑出泵房。代某跑出后将情况告诉在冷油泵房外的钳工叶某，叶某急忙跑到炼油一部Ⅰ催化操作室报警。刚接过班的Ⅰ催化二班班长张某闻讯后，迅速跑向事故发生地点，发现空冷泵房内大量液化气泄漏，回操作室取空气呼吸器佩戴好后，跑回空冷泵房，发现南起第三台泵跑气，即用手把泵入口阀关死，并组织救人。炼油一部的安全员王某得知后，迅速向调度报告情况，并佩戴空气呼吸器，进入泵房进行救人。

生产调度在接到报警后，马上报告厂领导和有关部门。在厂领导的指挥和现场人员的积极救助下，事态迅速得到了控制，现场作业和前去抢救的受害人员迅速脱离危险区域，经过现场简短救护，急送医院抢救，但因吸入大量的有害气体，王某等 4 人经抢救无效，最终因中毒窒息死亡。

6.10.2 原因分析

（1）直接原因

Ⅰ催化装置确定检修部分设备和机泵后，应该将需要检修的部位切断与系统的连接，检修凝缩油泵前没有退油撤压，没有切断流程。当钳工将泵的螺栓拆掉从泵壳卸开时，造成大量凝缩油从 159mm 直径的泵入口经泵壳喷出。记录显示，凝缩油罐压力为 0.8MPa，液面从 0.38m 降至 0.025m，在 8min 内喷出 2.78m^3 凝缩油，在封闭的泵房内急剧汽化，形成白色雾状汽体，充满泵房，造成泵房内人员窒息。

（2）间接原因

① 在检修 214/1 泵前，按照安全施工规定，应由炼油一部领导或安全员安排，通知操作工将冷油泵房内的 214/1 泵的电源切断，关闭 214/1 泵入口阀门，放净管线内的凝缩油。经安全人员现场检查，在确保做到以上 3 个条件的情况下，由催化车间开据"安全施工（拆卸）许可证"并经负责人签字，检修人员才准拆卸此泵；同时检修人员在拆卸前，应该再重

新检查以上 3 条安全措施是否落实,确认无误时,方可施工拆卸。然而,检修人员没有按上述规定执行,违反了操作规程,导致了在拆泵时大量凝缩油外泄。

② 机泵检修作业票"安全施工(拆卸)许可证"虽然写着"出、入口阀门关严;存油放净;泵电机电源切断",但安全措施没有落实,炼油一部安全员没有到现场亲自检查,也没有通知车间任何一名操作工到泵房去实施以上 3 条安全措施,同时检修人员接到"安全施工(拆卸)许可证"没有复检,从而形成 214/1 泵的入口阀没关就开始拆卸,是造成这次事故发生的主要原因。

③ "安全施工(拆卸)许可证"填写不认真,签发不规范。施工作业时间填写的 1998 年 7 月 31 日 15 时至 1998 年 7 月 31 日 12 时,开据施工许可证的车间安全员王某在"许可证"上签的是车间副主任张某的名字,去开施工许可证的刘某签的是领班王某的名字,在严格执行许可证的全过程中严重失真,没有起到作用。泵房空间狭窄,整个泵房空间约为 114m³,气体只能通过一门五窗向外散发,造成泄漏的大量气体聚积在泵房内。泵房通道不畅通,泵房门口又有一辆叉车堵着门口,给作业人员的逃生和抢救工作造成障碍。

6.11 储罐区交换站管道违章动火引发火灾事故

2016 年 4 月 22 日 9 时 13 分左右,江苏某公司储罐区 2 号交换站发生火灾,事故导致 1 名消防战士在灭火中牺牲,直接经济损失 2532.14 万元人民币。

6.11.1 基本情况

事故发生前罐区储存了汽油、石脑油、甲醇、芳烃、冰醋酸、醋酸乙酯、醋酸丁酯、二氯乙烷、液态烃等 25 种危险化学品,共计 21.12×10⁴t,其中:油品约 14×10⁴t,液态化学品近 7×10⁴t,液化气体约 1420t。2 号交换站内存在 4 种作业。

过驳作业。从 4 月 22 日 3 时 13 分开始,甲货轮卸醋酸乙酯 600t 至 2307 储罐。从 4 月 22 日 6 时 34 分开始,乙货轮卸汽油 500t 至 2411 储罐。作业持续到 4 月 22 日事故发生时。

倒罐作业。从 4 月 21 日 21 时开始,2409 储罐与 2405 储罐之间倒罐汽油 760t,作业持续到 4 月 22 日事故发生时。

清洗作业。根据邵某的安排,4 月 22 日 8 时 15 分左右,储运部操作工陈某、曹某、王某 3 人开始清洗 2507 管道(曾用于输送混合芳烃),清洗后的污水直接流入地沟。8 时 30 分左右,陈某等 3 人开始打捞地沟及污水井水面上的浮油。

动火作业。根据邵某的安排,4 月 21 日 12 时 30 分左右,许某等 3 人开始改造 2 号交换站内管道。当天下午,完成了钢管除锈、打磨和刷油漆等准备工作,并将位于 2 号交换站内东侧 2301 管道割断,在断口处各焊接一块接口法兰。当日动火开具了《动火作业许可证》,焊接点下方铺设了防火毯。储运部曹某负责监火。4 月 22 日上班后,许某等 3 人的工作是继续焊接 21 日下午未焊好的法兰,并对位于 2 号交换站东北角 1302 管道壁底开一直径 150mm 的接口(接口距离地面垂直距离约 1m,距离地沟水平距离约 1m),将 1302 管道连接到 2301 管道发车泵上。4 月 22 日事故发生时,2 号交换站共有监泵、清洗、动火、监火 8 名人员在现场作业。

6.11.2 事故经过

4月21日16时左右，许某找到邵某，申请22日的动火作业。邵某在《动火作业许可证》"分析人""安全措施确认人"两栏无人签名的情况下，直接在许可证"储运部意见"栏中签名，并将许可证直接送公司副总朱某签字，朱某直接在许可证"公司领导审批意见"栏中签名。18时左右，许某将许可证送到安保部，安保部巡检员刘某在未对现场可燃性气体进行分析、确认安全措施的情况下，直接在许可证"分析人""安全措施确认人"栏中签名，并送给安保部副主任何某签字，何某在未对安全措施检查的情况下直接在许可证"安保部意见"栏中签名。4月22日8时左右，许某到安保部领取了21日审批的《动火作业许可证》，许可证"监火人"栏中无人签字。8时10分左右，申某开始在2号交换站内焊接2301管道接口法兰，许某与陆某在站外预制管道。安保部污水处理操作工夏某到现场监火。4月22日8时20分左右，申某焊完法兰后到站外预制管道，许某到站内用乙炔焰对1302管道下部开口。因割口有清洗管道的消防水流出，许某停止作业，等待消防水流尽。在此期间，邵某对作业现场进行过一次检查。4月22日8时30分左右，安保部巡检员陈某、陆某巡查到2号交换站，陆某替换夏某监火，夏某去污水处理站监泵，陈某继续巡检。4月22日9时13分左右，许某继续对1302管道开口时，立即引燃地沟内可燃物，火势在地沟内迅速蔓延，瞬间烧裂相邻管道，可燃液体外泄，2号交换站全部过火。10时30分左右，2号交换站上方管廊起火燃烧。10时40分左右，交换站再次发生爆管，大量汽油向东西两侧道路迅速流淌，瞬间形成全路面的流淌火。12时30分左右，2号交换站上方的管廊坍塌，火势加剧。

6.11.3 原因分析

（1）直接原因

该公司组织承包商在2号交换站管道进行动火作业前，在未清理作业现场地沟内油品、未进行可燃气体分析、未对动火点下方的地沟采取覆盖、铺沙等措施进行隔离的情况下，违章动火作业，切割时产生火花引燃地沟内的可燃物，是此次事故发生的直接原因。

（2）间接原因

① 特殊作业管理不到位。动火作业相关责任人员朱某、邵某、何某、刘某等人不按签发流程，不对现场作业风险进行分析、确认安全措施。在《动火作业许可证》已过期的情况下，违规组织动火作业。

② 事故初期应急处置不当。现场初期着火后，该公司现场人员未在第一时间关闭周边储罐根部手动阀，未在第一时间通知中控室关闭电动截断阀，第一时间切断燃料来源，导致事故扩大。该公司虽然制定了综合、专项、现场处置预案，并每年组织演练，但演练没有注重实效性，没有开展职工现场处置岗位演练，提升职工第一时间应急处置能力。

③ 工程外包管理不到位。该公司对工程外包施工单位资质审查不严，未能发现顾某以乙公司名义承接工程。对外来施工人员的安全教育培训不到位，在21日许某等人进场作业前，巡检员顾某对其教育流于形式，未根据作业现场和作业过程中可能存在的危险因素及应采取的具体安全措施进行教育，考核采用抄写已做好的试卷的方式。邵某、陈某2人曾先后检查作业现场，夏某、陆某先后在现场监火，都未制止施工人员违章动火作业。

④ 隐患排查治理不彻底。未按省、市文件要求组织特殊作业专项治理，消除生产安全事故隐患。该公司先后因违章动火作业、火灾隐患等多次被有关部门责令整改、处以罚款。2016 年 3 月，2 号交换站曾因动火作业产生火情。

⑤ 公司主要负责人未切实履行安全生产管理职责。该公司总经理王某未贯彻落实上级安监部门工作部署，在全公司组织开展特殊作业专项治理，及时启用新的《动火作业许可证》；对公司各部门履行安全生产职责督促、指导不到位，未及时消除生产安全事故隐患。

⑥ 乙公司同意顾某以本公司名义承揽工程，收取管理费，但不安排人到现场实施管理。4 月 21 日、22 日，许某等 3 人进入该公司作业前，未安排人到作业现场检查、核实安全措施，对作业人员进行安全教育，及时发现并制止施工人员违章作业行为。

6.11.4　建议及防范措施

（1）深刻吸取事故教训，深化危险化学品专项整治

认真吸取此次事故教训，集中开展危险化学品储存场所专项整治，提高危险化学品储存场所的安全风险防控能力。进一步开展化工和危险化学品及医药企业特殊作业安全专项治理，督促企业严格遵守特殊作业安全规范。

（2）严格落实企业安全生产主体责任，强化现场安全管理

各危险化学品生产经营单位应认真吸取此次事故教训，严格遵守国家法律法规的规定，落实安全生产主体责任，切实做到"五落实五到位"。应建立健全安全生产责任制、规章制度和操作规程，真正把安全生产责任落实到每个环节、岗位。应加强对从业人员的安全教育培训工作，增强员工安全意识和事故防范能力。严格规范企业特殊作业管理，实行动火作业提级审批，引入第三方专业机构对动火作业实施管理。应加强隐患排查，尤其要发挥班组、全体员工排查隐患的作用，加大隐患治理力度，建立有效的隐患排查治理机制。应加强危化品储罐区等重大危险源的管控，加快危险作业场所自动化改造、标准化创建工作。应加强应急管理，完善应急预案，增强预案的适用性、针对性，定期组织开展综合演练、专项演练，尤其是现场处置岗位演练，提升企业员工第一时间的处置突发事故能力。

6.12　切割油罐人孔盖作业时发生油罐闪爆事故

2008 年 9 月 6 日 15 时 40 分，山东某公司第 63 站 1 名承包商员工在油罐操作井旁进行切割油罐人孔盖的作业过程中，发生闪爆事故，导致 1 人死亡。

6.12.1　基本情况及事故经过

山东某公司第 63 站在改造过程中，委托承包商乙公司更换加油机。2008 年 5 月，63 站作业人员对 4 个油罐分别进行了注水操作。

2008 年 8 月底，在安装加油机和潜油泵过程中，因油罐原人孔盖不符合潜油泵安装条件，承包商提出需对 4 个油罐人孔盖进行改造，63 站站长曲某遂与承包商进行了对接。

承包商施工人员从 9 月 5 日开始对 4 个油罐的人孔盖进行切割。为了安装潜油泵，2008

年9月6日上午，承包商施工人员李某，用自带的水泵，开始对注满水的4个油罐进行抽水操作。抽水操作一直持续到9月8日下午，在此过程中，1#油罐、3#油罐和2#油罐内的水先后被抽空。

9月7日8时左右，施工人员李某开始进行法兰盘与管线的切割，切割过程持续至9月8日上午仍未完成。

9月8日14时左右，李某来到2#油罐操作井旁，继续进行切割人孔盖的操作，现场无人监火。15时40分左右，2#油罐操作井旁油气发生闪爆，造成李某重伤，经送医院抢救无效，于9月9日凌晨死亡。

6.12.2　原因分析

（1）直接原因

① 作业人员擅自将油罐内的水抽空导致油气挥发并积聚

作业人员李某将2#油罐内的水抽空，致使油罐内残存的油品挥发，并弥散到油罐操作井周围，形成爆炸性气体混合物。

② 作业人员违章动火

作业人员李某在没有动火作业票、无监火人和无任何防范措施的情况下，擅自在罐区内违章动火，引发2#油罐操作井旁油气发生闪爆。

（2）间接原因

① 对承包商施工作业现场的安全监管不到位，存在以包代管现象。作业人员李某进行了至少2天的抽水操作和油罐旁的气割工作，此过程中无人进行劝阻或制止。站长虽有监火证，却默许作业人员不办理用火许可证进行气割等用火操作。

该公司相关部门人员都有对63站改造项目的相关监管责任，但都只是签字，没有具体的审查意见；相关部门签发的许可证上的补充安全措施也多是："加油站加强监督"。监督检查流于形式，由此造成加油站多次违章得不到及时制止。

② 在工程招标中对承包商的资质审查不严，导致不具备资质的承包商进场施工。在招标审查材料中发现，承包商的《安全生产许可证》2008年1月已经到期，而63站改造工程的施工开始时间为2008年5月，承包商对此没有提供情况说明，该公司也没有追踪；承包商虽然在招标时提供了GB/T 24001、GB/T 28001管理体系证书，但没有按HSE管理的要求识别和控制存在风险，没有书面的工作安排和安全防护措施；作业人员李某无焊接专业资质。

③ 违反《用火作业安全管理规定》，在较长一段的时间里动火作业不办理作业票。第63站自2008年5月6日起即开始施工改造，至事故发生时曾多次进行用火作业，只在2008年7月1日办理过一次用火作业许可证，该公司安全部门在4个月时间内对此没有察觉。

④ 对承包商的安全培训教育不到位，流于形式。外来施工人员由加油站进行培训和考试，但考试卷没有完整答完的。经过现场调查与问讯，施工人员安全意识比较淡漠，对用火作业许可证制度都很茫然。承包商签订安全承诺书人员与实际培训人员不符。

⑤ 外来施工人员素质低、安全意识差。调查发现，施工人员素质比较低、工作随意性大、缺乏在石化行业施工的经验，虽然经过安全培训和考试，但安全意识极其淡漠，对石化行业的易燃、易爆环境缺乏认知，意识不到作业过程中的危险。

⑥ HSE 管理在基层没有得到有效执行。

• 危害识别、风险管理没有与日常工作结合起来。63 站前期利用 JHA、SCL 做了业务活动和设备设施的表格，进行了风险评价。但 2008 年 5 月份，63 站改造以来，新的施工改造活动中存在的危害和风险，没有组织进行识别和评价。站长也是 5 月份从别的站调入的，主要精力放在了施工现场的监督上。

• 公司 HSE 管理体系实施以来，没有从公司层面组织 HSE 审核、管理评审等管理性的推动活动，造成在加油站等基层看不到 HSE 运行的痕迹，还是传统管理的形式和内容。在减员多、新站改造任务重的压力下，只能根据经验来抓安全。

• HSE 氛围淡薄。调查发现，63 站站长和员工 HSE 意识不强，培训不到位，安全技能和风险意识差。

6.13　球罐区拆人孔作业时发生氮气窒息事故

2010 年 8 月 5 日，北京某公司在化工厂分离单元乙烯球罐区进行拆人孔作业时，发生一起氮气窒息事故，造成 2 人死亡。

6.13.1　基本情况及事故经过

2010 年 8 月 5 日，北京某公司在化工厂分离单元乙烯球罐区进行拆人孔作业。8 时 15 分左右，该公司项目负责人李某召集全体人员安排当日工作。8 时 30 分左右，开始先拆 FB-401C 罐底部人孔，后拆罐顶人孔，9 时 45 分左右，全部拆完，施工人员陆续从罐顶收拾工具撤离，按工作票当天工作已全部完成。

此时，留在罐顶的只有管工胡某、刘某二人，刘某收拾卸下的螺丝，胡某在未经申请的情况下擅自从罐顶人孔进入约 2m 深的操作平台（经现场勘察，怀疑其进入罐内的目的是欲捡拾掉入罐内的工作证），罐内氮气含量过高导致窒息晕倒，刘某发现后便大喊救人。工人易某随即从旋梯返回罐顶欲进行施救，在其俯身向人孔内查看时吸入氮气，坠入罐内操作平台上。

现场负责人李某发现情况后立即拨打了"119"求救。同时，化工厂拨打了"120"急救电话。现场工人高某等人从罐下迅速跑到罐顶，高某戴好防毒面具、系好安全绳下罐救人，被熏得喘不上气来，同事急忙将其拽上罐顶。此时，消防车辆赶到现场，立即展开救援，将落罐人员救出送入医院进行救治。8 月 5 日 15 时左右胡某经抢救无效死亡。易某从急救室转入重症病房，医院联系 3 名教授来院会诊，研究治疗方案。8 月 6 日 20 时 55 分，易某经治疗无效死亡。

6.13.2　原因分析

（1）直接原因

工人胡某作业完毕后未按规定迅速撤离作业现场，擅自进入乙烯储罐内，易某欲施救措施不当。

（2）间接原因

① 该公司安全监管不到位，导致事故的发生。

② 该公司对从业人员安全生产教育培训不到位，从业人员安全生产意识淡薄。

③ 化工厂职工对现场作业监护认识不全面，厂级对外来施工作业的安全监督管理工作有疏漏。

附 录 国外危险化学品安全事故

危险工艺工程中丙烷泄漏导致爆炸火灾事故

1991年5月1日，美国路易斯安那州斯特林通IMC公司经营的Angus化学公司所属的硝基烷烃厂发生火灾爆炸事故，造成8人死亡，120人受伤。事故发生在硝酸和丙烷的高温反应生成硝基烷烃的工艺过程中，因丙烷的泄漏而发生爆炸，引起火灾。

生产过氧化苯甲酰作业时突发爆炸事故

1990年5月26日，日本板桥区的一家化学药品厂发生爆炸事故，造成5人死亡，17人受伤。事故的直接原因是：工厂在生产过氧化苯甲酰的作业中突然发生爆炸。过氧化苯甲酰主要用于塑料聚合的催化剂，其干燥成品的化学性质比火药还危险，稍有撞击或火星就会爆炸。

催化裂化装置高温热解油遇水汽化集聚导致爆炸火灾事故

1991年3月3日，美国路易斯安那州莱克查尔斯炼油厂的催化裂化装置发生爆炸，并引起大火，造成5人死亡。事故原因是：按照公司规定，在检维修结束后油送入装置前，用蒸汽吹扫装置中的空气。操作时，由于装置温度较低，蒸汽冷凝成水，并积聚在装置底部的分馏器内。分馏器内的积水用泵打入接收罐，通过罐底阀门将积水排入污水池内。但由于接收罐阀门未打开，因此，罐内积水无法排出。当装置投料生产后，装置内的高温热解油遇水立即汽化，产生大量蒸汽聚积在接收罐内。虽然接收罐的安全阀工作正常，但产生的蒸汽量太大，导致接收罐爆裂，高温热油从爆裂的罐内喷出，遇明火发生爆炸，并引发火灾。

二噁英泄漏导致化学污染事故

1976年7月10日，意大利米兰以北15km的塞维索市附近的ICMESA化工厂发生二噁英(简称TCDD)泄漏事故，造成约2t化学药品扩散到周围地区。当地居民产生热疹、头痛、腹泻和呕吐等症状，许多飞禽和动物被污染致死。二噁英毒性有致癌和致畸作用。事隔多年后，当地居民中畸形儿出生率仍高居不下。

针对此次事故，欧共体1982年颁布《工业活动中重大事故危险法令》，列出了180种危险化学品物质及其临界量标准。

附录2 经营安全事故

加油站大雨导致汽柴油泄漏遇明火爆炸事故

2015年6月3日，加纳首都阿克拉市中心一处加油站起火爆炸，造成200多人死亡。起火的加油站位于阿克拉最繁华的恩格鲁马转盘附近，处于低洼地带，周围有公共汽车站和集贸市场，人口密集。事故发生时，因连降暴雨，积水很深，交通瘫痪，许多被困民众前往加油站躲雨休息。事故的直接原因是：大雨造成加油站内泄漏的柴油和汽油流向附近住宅，在附近货车停泊处遇火源，油品被引燃并导致加油站爆炸。

液化石油气槽车充气过程中管线龟裂导致特大火灾爆炸事故

1984年11月19日凌晨5时45分，墨西哥城液化石油气(LPG)站发生大爆炸，造成542人死亡，7000多人受伤，35万人无家可归，受灾面积达27×10⁴m³。该液化石油气站位于墨西哥城西北约15km处的圣胡安依克斯华德派克地区。该地区设有墨西哥石油公司的集气设备、精制设备和储藏设备，以及7家民间公司的储存、充气设施。

圣胡安区依克斯华德派克石油气站共有6台大型球罐，其中4台容量各为10000桶，2台容量为15000桶，还有48台小型卧式储罐，其中44台容量为710桶，其余4台的容量为1300桶。爆炸时该气站共储存80000桶液化石油气。首先是一家民间公司在向一液化石油气槽车充气过程中发生爆炸，接着该公司和墨西哥石油公司的储存设施相继发生爆炸。爆炸引起的火柱高达200多米，一直持续了7个多小时才被扑灭。结果有4台球罐和10台卧式储罐爆炸起火，共烧掉液化石油气11356m³。

发生这次事故的原因有以下几点：

① 相邻的民营公司厂内管线泄漏着火，燃烧扩大，波及储运站的LPG储罐。

② 输送LPG的罐车爆炸，炸毁供气中的LPG储罐。

③ 储运站内部LPG设备或管线泄漏LPG，由某一电火源(或罐车火花)引起爆炸。

④ 事故前，储运站的周界划分不明确，厂区内还有难民居住，不排除难民盗取LPG或别的人为破坏行为的可能。

1984年12月22日墨西哥联邦检察署公布对此事故进行调查，其报告结果为：储运站内部一条连接球形及卧式储罐的管线发生龟裂，泄漏LPG并形成蒸气云滞留，由该厂内部的企业燃烧器引火，导致蒸气云爆炸并引起大火。

整个事故中，过压对于物体的破坏是有限度的。在火球燃烧区域，热辐射及屋内气体爆炸所造成的破坏则是此次伤亡及财产的主要原因。此次事故的主要教训是：

① 厂区太接近住宅区。从整个事件可以看出，工厂附近住宅入口过多，以至于爆炸发生后造成重大人员伤亡。根据蒸气云直径，民房与工厂至少应相距500m，而相距1000m则更加安全。由此可见，工厂预先规划的重要性。

② 大型LPG储罐间距应有一定规格。在此次事故中，球形储罐间距太小，以至于当一座储罐发生BLEVE时，其他储罐也受到波及，紧接着发生一连串的连锁爆炸，造成更多的

伤亡事故和经济损失。

③ 工厂没有检测设备且缺乏一套完善的紧急事故应急措施，以至于发生事故时现场混乱，延误抢救时机，增加抢救工作难度。

④ 当时工厂已经建成 20 多年，设备相当陈旧，LPG 就是因管线泄漏而造成的。因此，危险性大的工厂应保持高度的工程标准及维修检测水平。

⑤ 对于危险性大的工厂，安全装置(包括泄漏警报装置、联锁系统，以及各种必要、有效的消防系统)是不可缺少的。

针对该起事故，提出以下几点注意事项：

① LPG 储罐不可置于建筑物内或是可燃性液体储罐及冷冻储罐溢出的范围内。每个罐区与相邻罐区的安全间距为 15.24m，且卧式储罐是需要规定方向的，长轴端不能指向邻近的储罐、设备、控制室、灌装或卸载及其可燃、易燃液体储存设备。在可燃性高压气体储罐区，为了避免可燃气体泄漏后着火爆炸引起连锁反应，导致灾害事故的扩大，储罐间必须有适当的安全间距。安全间距可降低邻近储罐、设备所暴露的危险。

② LPG 管线泄漏，大量液体骤燃减压挥发，形成蒸气，最远可喷至 1.5km 以外。在 LPG 尚未点燃前，必须想办法阻止泄漏。为了避免蒸气云与点火源接触发生爆炸，消防人员应利用消防水管喷出大量水雾。因水滴与石油气接触后会增加石油气的温度，造成膨胀现象，有利于蒸气云向上散布。水与 LPG 会形成固态水合物，由于数量不多，且易于挥发，只要避免与火源接触，既不会发生危害。

③ 日常检验及维护。储罐设备虽不复杂，但对于安全要求却相当严格。往往由于一个小小疏忽使设备发生故障，小则影响日常运行，大则影响安全，造成人员伤亡、设备损坏。因此，设备维护保养工作不可掉以轻心。由于储罐属于高压危险气体设备，故其日常维护保养工作与一般设备不同。

丙烷钢瓶露天存放夏日高温至钢瓶着火爆炸事故

2005 年 6 月 24 日美国圣路易市正处于夏季热浪时期，气温高达 36℃。当日中午前普莱克斯气体钢瓶分装厂正常运行并未发现任何异样，约至 15 时 20 分，厂内技术人员欲前往存储区领取钢瓶时察觉一个气体钢瓶喷射出 3m 高的火焰，紧急启动该厂火警警报器，普莱克斯气体钢瓶分装厂随即紧急撤离 22 名雇员。事后由厂区内保全监视系统中显示，最初泄漏及着火点是处于残气瓶储放区内的丙烷钢瓶；火势并于 1min 后波及邻近储放之钢瓶，2min 后火势扩大波及厂内乙炔及液化石油气气钢瓶存储区域此时钢瓶开始爆炸。4min 后火势已涵盖波及厂内整各可燃性钢瓶存储区，厂区内并不时传出爆炸声响。

圣路易斯消防队接获通报后约于 15 时 35 分抵达事故现场。此时，厂内大部分可燃性钢瓶已遭火势波及。现场火势猛裂并造成钢瓶爆炸，破碎钢瓶四处乱窜，消防队评估现场灾况后，为顾及自身安全并未采取积极抢救策略，除以无人操作消防炮塔进行灭火灌救外，封锁厂区外五条街范围，撤离该区域居民，及针对社区内因遭爆炸钢瓶波及所引起数起火警进行灭火抢救；直至 20 时 30 分，因厂区内所有可燃性气体钢瓶内气体燃烧殆尽后，火势才逐渐获得控制。

普莱克斯气体钢瓶分装厂因此次火警爆炸事故造成分装场厂房及气体钢瓶存储区严重烧毁，总计约有 8000 支可燃性气体钢瓶付之一炬，此次事故几乎将该厂可燃性气体存量燃烧殆尽；而波及邻近社区之钢瓶碎片，最远距普莱克斯气体钢瓶分装厂约有 243m，造成邻近社区内房舍起火、车辆损毁、贯穿墙壁、窗户破碎、建筑物损坏等；乙炔钢瓶更因爆炸破裂而造成瓶内石棉材料四处飞散，导致1km²范围内空气严重污染，社区居民一人因吸入有害烟雾引发气喘复发不幸致死。

美国化学安全和危险调查委员会(CSB)搜集事故现场相关事证及依据厂家所提供监视电影录像带与内部调查报告等信息，分析推估此次事故发生原因，依其所提出相关改善建议汇整归纳如以下五点：

① 钢瓶储放室外，来自日光直接照射产生热能及柏油路面所释放的辐射热，造成丙烷钢瓶外壁温度上升，且处于高温环境中无法借空气对流降低钢瓶温度，故可燃性液化气体及压缩气体钢瓶，若储放于室外，应设置棚架避免钢瓶因阳光直接照射产生高温。

② 因气体钢瓶外壁受热，导致钢瓶内残余的丙烯液体随温度上升汽化成气体，瓶内压力逐渐升高并超出安全范围，造成安全阀跳脱，释放出丙烯气体，并与周围空气混合达到爆炸范围后引燃。

③ 普莱克斯气体钢瓶分装厂的钢瓶储放场所未设置消防安全设备，因此可燃性气体分装厂的存储及操作厂所应设置可燃性气体侦测器，并装设火警自动警报设备及撒水系统，确保一旦发生火灾或泄漏时获得及时控制。

④ 丙烯钢瓶的安全阀设置压力仅与丙烷钢瓶相同，设置的压力值偏低，导致安全阀较易跳脱。

⑤ 普莱克斯气体钢瓶分装厂的储放区，未作有效的防火区隔，当事故发生时邻近钢瓶遭受火势波及，钢瓶壁受热软化爆裂释放出可燃性气体并引火燃烧爆炸，并造成连锁反应扩大灾情，增加救灾困难度；为避免类似情状再度发生分装场储放区宜作防火区隔，一旦发生火灾可立即阻隔引燃的钢瓶，避免波及其他区域。

附录3 储运安全事故

货轮装载硝酸铵冒烟喷水时发生爆炸事故

1947年4月16日，"格兰德坎普"号货轮在美国得克萨斯港装载硝酸铵，装载过程中发生爆炸事故。事故造成468人死亡，113人"失踪"，5000人受伤，2000人无家可归，1000幢建筑物受损。

上午8时，装有2100t硝酸铵的货仓冒出烟味，火苗蹿出。消防队立即向船只喷水，但船体已被烤热。9时，着火部位蹿出大量火焰与烟雾，几百人在岸上围观。货轮船体受热膨胀，导致船体爆炸，船体被炸成碎片，腾起600m蘑菇云。爆炸巨响传到240km外；冲击波导致60多公里外的休斯敦市玻璃也被震碎。

美国在化学品运输和管理上存在很多漏洞，对高温环境下容易爆炸的硝酸铵几乎不设防。起火原因至今成谜。得克萨斯公民发起数百起诉讼，要求美国政府负责，依据是1946年制定的《联邦侵权赔偿法》。1950年地方法院裁定，美国政府在制造、包装、标记硝酸铵，以及在储存、运输、防火、灭火等过程中有一连串疏忽，导致爆炸发生。两年后，联邦巡回法院推翻裁决，1953年最高法院维持二审判决，认定联邦政府拥有自由裁量权。

不合理存放化学品导致爆炸事故

1988年5月24日，原苏联一座化学品仓库发生爆炸事故，造成8人死亡，3人重伤。事故的直接原因是：仓库员工违反安全规程，不合理地存放化学品发生火灾，在消防队员灭火过程中，该仓库又发生了二次爆炸。

混存危险化学品导致大爆炸

2001年9月21日，法国图卢兹化工厂AZF发生爆炸，炸出50多米宽15m深的大坑，两座厂房夷为平地，31人死亡，2500人受伤。爆炸地震波相当于3.4级地震，周围6km半径内3万套住房、几百家企业遭受重创，损失23亿欧元。

调查发现，爆炸一刻钟之前，数公斤二氯异氰酸钠与乱放在地上的硝酸铵混合，导致300t硝酸铵强烈爆炸。

2002年2月，法国议会工业设施安全状况调查委员会公布调查报告，提出了减少工业风险的90项措施，主要包括：严格控制高风险地区的城市化建设；加强工业设施的安全检查；严格按规定保持设施之间的安全距离，从源头上减少工业风险；加强在职工和工厂周边地区居民中的安全宣传；禁止在高风险项目施工中采取层层分包的做法；向工业事故的受害人提供帮助；加强对工业事故责任人的法律追究等。

2003年法国出台新法案，对硝酸铵化肥的生产实施更加严格的管理。法案规定，经营这类化学品的公司，周围须有一圈安全半径区域。另外，处于城内的化学品公司必须支付补偿金，与当地政府和国家拨款一起，用于周边防护及灾后疏散。

液化石油气槽车超量充装高温膨胀发生爆炸

1978年7月11日14时30分，西班牙巴塞罗那市和巴来西亚市之间的双轨环形线的340号通道上，一辆满载丙烷的槽车发生爆炸。这里是风景区，当时正有800多人在此度假，烈火浓烟使150人被烧死，120多人被烧伤，100多辆汽车和14座建筑物被烧毁。

爆炸的储罐容积为43m³，是用两条焊缝把三个钢制圆筒连接起来的卧式储罐，第一次爆炸时，槽车罐壁炸出了一个直径7cm的洞，数秒钟后，发生第二次爆炸，车体飞出140m，燃烧的烟云升高到30m，产生1500℃的高温，爆炸波及范围沿道路长约200m，从道路到海岸宽约30~80m。

事故原因是：充装过量引起，按规定液化石油气的充装不得超过容积的85%，而这辆槽车却充装了100%。早晨充装时气温较低随温度的上升，体积膨胀，估计爆炸时内部压力大约上升100kg/cm²以上，大大超过了槽车的耐压能力（约30kg/cm²）。旅游度假野营地的明火将丙烷气引燃，产生爆炸。

输油管泄漏液化石油气致客车脱轨事故

1989年6月3日，原苏联某地，从输油管泄漏的液化石油气（LPG）发生爆炸，使通过附近的一列客车脱轨，并与对面另一辆客车相撞，造成600多人死亡，500多人受伤的特大事故。事故的直接原因是：输油管线破损，漏出的液体化石油气（LPG）充满现场附近丘陵之间的山谷。输油站管理人员已注意到气体压力下降，于是调节泵加压，结果导致更多的气体泄漏。这时，一列电力客车通过现场，客车的导电弓产生的火花引发爆炸。

油罐车侧翻爆炸事故

2017年6月25日，1辆装运25m³汽油的油罐车在从巴基斯坦卡拉奇前往拉合尔途中，因轮胎爆胎失控侧翻，罐体受损引发汽油泄漏。附近村民不顾警告，哄抢泄漏的汽油；翻车约45min后，泄漏的汽油突然起火爆炸。事故造成154人死亡，超过200人受伤，且多数伤者伤情危重。

附录4　使用安全事故

可燃气体集聚发生化学品爆炸事件

2004年1月13日新加坡一工业区发生化学品爆炸事件，导致一座办公楼发生火灾。事故共造成4人死亡，另有两人因跳楼逃生而受伤严重。警方发表的声明说，发生事故的是一家广告设计公司，火灾可能是由于办公楼中积蓄的可燃气体发生爆炸引起的。

尼龙公司环已烷泄漏导致蒸气云爆炸事故

1974年6月1日下午16时53分许，英国傅立克斯镇尼龙公司发生爆炸事故，造成厂内28人死亡、36人受伤，厂外53人受伤，轻伤数百人，损坏了1821座房屋以及167家商店和工厂损失达215亿美元。

专家推算出此次环已烷的蒸气云爆炸的威力相当于约20t TNT炸药爆炸当量。环已烷泄漏在空气中后燃烧，估计蒸气云扩散笼罩范围为一直径600m，高300m的1600℃高温气体半圆球。

化肥厂超量储存硝酸铵引发爆炸事故

2013年4月17日19时50分，美国得克萨斯州韦斯特地区化肥厂发生爆炸事故，造成至少10栋建筑起火，35人死亡，超过160人受伤，约70栋民宅被毁。由于爆炸产生的震撼力之大，美国地质调查局将其定为一个2.1级的地震。最终调查认为这是一起工业事故，很可能是硝酸铵发生化学反应，触发爆炸。但事发化肥厂的危险品储量超过政府规定上报最低限量的1350倍，却没有按照要求向国土安全部上报。

附录5　设备安全事故

化工厂疏通反应器沉降管时导致可燃气爆炸及火灾事故

1989年10月23日下午，美国菲利浦公司休斯顿化工总厂发生特大恶性爆炸及火灾事故，在现场工作的23人死亡，130余人受伤。爆炸波及了总厂内所有设施，造成约7.55亿美元的损失。离爆炸中心最近的两套聚乙烯装置全部毁坏，约 2.4km 以外的总厂办公楼玻璃窗震碎、砖脱落。最初的爆炸相当于 2.4t TNT 爆炸当量，相当于里氏 3.5 级地震。

10 月 22 日，该总厂开始清理被聚乙烯堵塞的反应器沉降管，据目击者称反应器与沉降管之间的控制阀处于关闭状态，用来转动该阀的驱动器压缩空气软管已被拆开。10 月 23 日下午，在对一根沉降管清除聚乙烯堵塞物时，易燃气体从拆开的沉降管中突然泻出，遇火源发生爆炸。

事故调查表明，反应器与沉降管之间的控制阀是开着的，提供空气压力的软管被错误的接反，即使当阀门驱动器开关处于关闭状态，关着的阀门也会被打开。据目击者报告，检修人员在 23 日下午检修前，曾在控制室请操作工帮忙。

菲利浦公司的通用安全规程要求：无论何时，当打开一条有烃类的工艺或化学管道，要采用双阀或加盲板来保证安全。但菲利浦公司在当地的管理人员为这种维修采取了专门做法，不采取规范要求的安全措施。结果，10 月 23 日，什么安全措施也未用。

此外，有以下不安全因素：

① 阀门的驱动机构的锁住设施不在位。

② 虽然菲利浦公司安全规程规定，在维修时不得连接软管，但阀门驱动机构的空气软管却可能一直是接着的。

③ 阀门的"开"和"关"侧的空气软管接头是相同的，这样就会使软管接错，当操作人员想关阀门时，阀门却被打开。

④ 驱动机构的空气软管的供气阀开着，因此空气能够进入，当接上软管时，驱动器就会转动阀门。

附录6 其他安全事故

ABS 树脂厂挤出机漏出大量粉末导致连续爆炸事故

1989 年 10 月 4 日，韩国幸福公司在丽川的 ABS 树脂工厂发生火灾和爆炸事故，造成 14 人死亡，20 多人受伤，直接经济损失约 30 亿韩元。事故发生前数小时，从一挤出机上部覆盖的帆布处漏出大量粉末树脂。同时，粉末树脂进入该挤出机机罩和电加热器之间。粉末树脂与电加热器接触，经电加热器表面加热分解，产生可燃气体。产生的可燃性气体向一楼和二楼扩散，发生连续爆炸。

参 考 文 献

[1] 付林，方文林. 危险化学品安全生产检查[M]. 北京：化学工业出版社，2015.

[2] 中国安全生产协会注册安全工程师工作委员会. 安全生产事故案例分析[M]. 北京：中国大百科全书出版社，2011.

[3] 方文林. 危险化学品基础管理[M]. 北京：中国石化出版社，2015.

[4] 方文林. 危险化学品应急处置[M]. 北京：中国石化出版社，2016.

[5] 方文林. 危险化学品生产安全[M]. 北京：中国石化出版社，2016.

[6] 方文林. 危险化学品经营安全[M]. 北京：中国石化出版社，2016.

[7] 方文林. 危险化学品储运安全[M]. 北京：中国石化出版社，2017.